结球甘蓝形状类型

圆头类型

平头类型

尖头类型

结球甘蓝优良品种

“秦甘8505”，早熟品种。
（西北农林科技大学蔬菜花卉研究所育成）

“秦甘70”，中熟品种。
（西北农林科技大学蔬菜花卉研究所育成）

“秋抗”，晚熟品种。
（西北农林科技大学蔬菜花卉研究所育成）

中甘 8 号，中熟品种。（中国农科院蔬菜花卉研究所育成）

“秦菜3号”，中熟品种。（西北农林科技大学蔬菜花卉研究所育成）

花椰菜优良品种

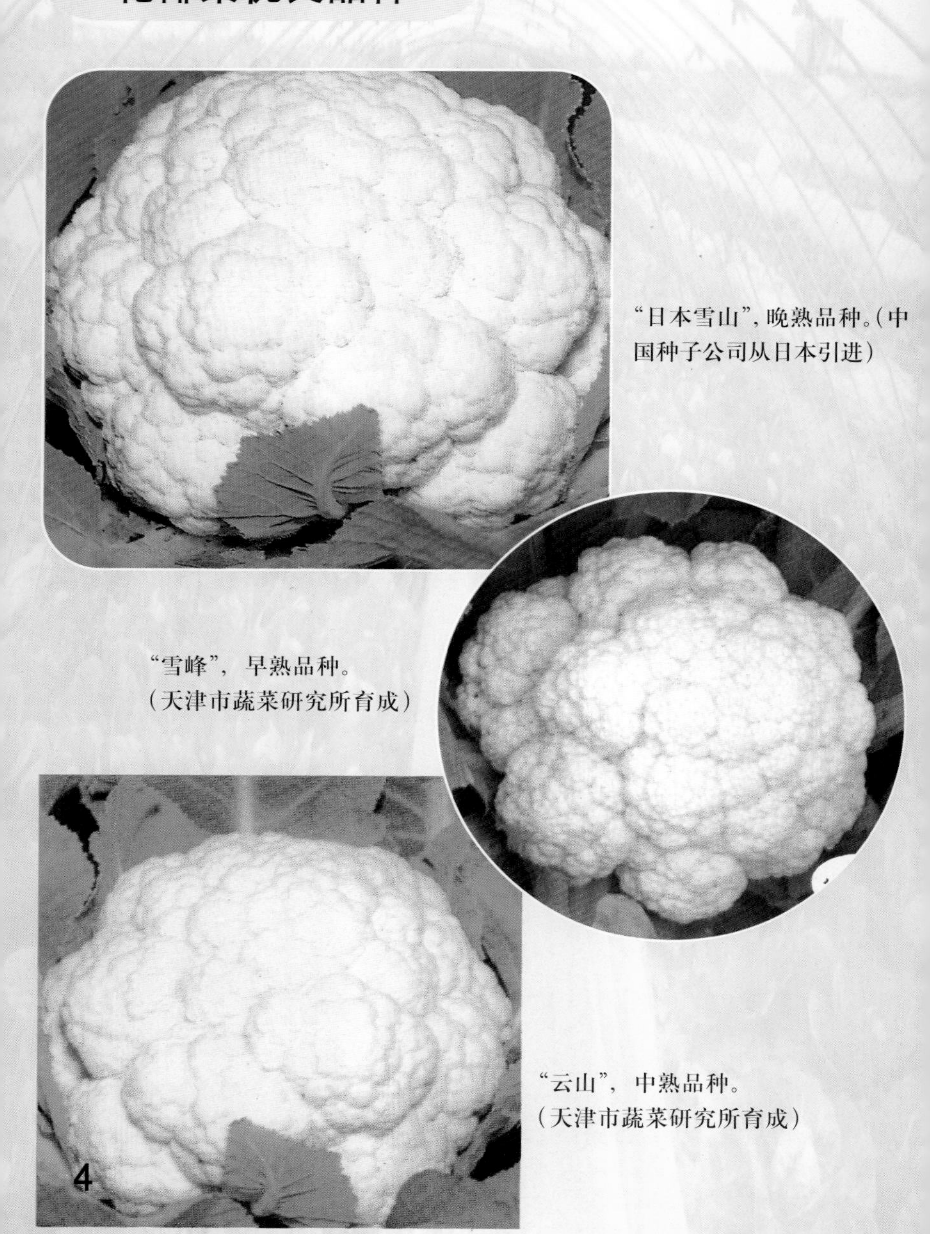

“日本雪山”，晚熟品种。（中国种子公司从日本引进）

“雪峰”，早熟品种。（天津市蔬菜研究所育成）

“云山”，中熟品种。（天津市蔬菜研究所育成）

球茎甘蓝优良品种

“潼关苤蓝”，晚熟品种。（陕西潼关地区地方品种）

“兰州苴蓝”，晚熟品种。（甘肃地区地方品种）

球茎甘蓝色泽类型

绿白色类型

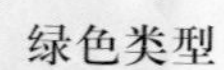

绿色类型

紫色类型

甘蓝病害

球茎甘蓝苗期霜霉病

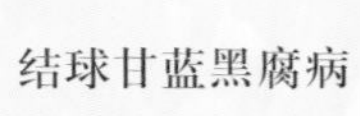

结球甘蓝黑腐病

球茎甘蓝黑腐病

中棚结球甘蓝套小棚西瓜

结球甘蓝未熟抽薹

北方蔬菜周年生产技术丛书④

甘蓝类蔬菜周年生产技术

主　编　陆帼一

副主编　程智慧

编著者　张恩慧　许忠民
王妍妮　李省印

金盾出版社

内 容 提 要

本书全面具体地介绍了甘蓝类蔬菜周年生产技术。内容包括结球甘蓝、花椰菜和球茎甘蓝等甘蓝类蔬菜的植物学特征、生长发育过程及所需条件、品种类型和新品种、周年生产技术、制种技术和主要病虫害防治方法等，并对产品贮藏加工和生产中存在的问题以及解决办法进行了较详细的阐述。本书可操作性强，文字通俗易懂，适合广大菜农和基层农业技术人员阅读。

图书在版编目(CIP)数据

甘蓝类蔬菜周年生产技术/张恩慧等编著．—北京：金盾出版社，2002.9
(北方蔬菜周年生产技术丛书)
ISBN 978-7-5082-2072-7

Ⅰ．甘…　Ⅱ．张…　Ⅲ．甘蓝类蔬菜-蔬菜园艺　Ⅳ．S635

中国版本图书馆 CIP 数据核字(2002)第 055548 号

金盾出版社出版、总发行
北京太平路 5 号(地铁万寿路站往南)
邮政编码：100036　电话：68214039　83219215
传真：68276683　网址：www.jdcbs.cn
彩色印刷：北京天宇星印刷厂
黑白印刷：北京四环科技印刷厂
装订：海波装订厂
各地新华书店经销
开本：787×1092 1/32　印张：5.5　彩页：8　字数：115 千字
2009 年 2 月第 1 版第 3 次印刷
印数：16001—27000 册　定价：8.00 元

序　言

我国北方幅员辽阔，自然资源丰富。随着社会经济的发展，人民生活水平不断提高，对蔬菜产品的要求正在向着周年均衡供应、优质、多样、安全的方向发展。广大农民也在积极寻求蔬菜高产、高效、优质的脱贫致富门路。北方传统的，一年春、秋两大季以大宗蔬菜露地栽培为主的生产方式，已远远不能满足人民生活水平提高的需要。解决北方蔬菜供应中存在的淡、旺季明显，种类、品种单一，商品质量差等问题，成为各级政府和蔬菜生产科技人员当务之急。在经过一段时间“南菜北运”的实践后，人们在肯定它在丰富北方消费者菜篮子所起重要作用的同时，也逐步意识到蔬菜“就地生产，就地供应”方针对改善北方城乡人民生活的现实意义。

蔬菜大多柔嫩多汁，不耐贮藏和运输。经过长途运输的蔬菜，其感观品质和内在营养成分难免有不同程度的损失。而如今的消费者越来越重视蔬菜的鲜嫩程度和营养价值，当不同产地的同一种蔬菜同时上市时，消费者往往更喜爱购买当地生产的，刚采摘上市的鲜菜。这就提出了北方蔬菜周年生产的必要性。

另一方面，随着保护地设施的改造和更新，地膜、塑料拱棚、日光温室和加温温室等在北方地区的迅速发展，随着遮阳网、防虫网、无纺布等保温、降温、遮荫、防虫、防暴雨材料的推广应用，加上市场价格的杠杆作用，许多过去在北方很少种植的稀特蔬菜，或试种成功，或正在推广。在北方少数大、中城市郊区，蔬菜的生产方式和上市的蔬菜种类增多了，供应期延长了，淡、旺季矛盾缩小了。这就为北方蔬菜周年生产提供了可能性。

为了总结经验，进一步推动北方蔬菜周年生产的发展，更好地满足广大消费者和农村调整产业结构的需要，我们西北农林科技大学园艺学院的部分教师和科研人员编写了这套《北方蔬菜周年生产技术丛书》。丛书包括绿叶蔬菜周年生产技术、稀特蔬菜周年生产技术、根菜类蔬菜周年生产技术、甘蓝类蔬菜周年生产技术、瓜类蔬菜周年生产技术、茄果类蔬菜周年生产技术、豆类蔬菜周年生产技术、葱蒜类蔬菜周年生产技术及北方日光温室结构、建造及配套设备共9册。丛书的编写力求达到内容丰富，理论与实践紧密结合，技术先进实用，可操作性强，文字简练，通俗易懂。因限于水平，难以满足读者的需要，书中难免有缺点错误，敬请读者批评指正。在这里，我代表全体编写人员，对丛书中所引用的文献资料的作者表示诚挚谢意。

陆帼一

2002年3月28日

前　言

甘蓝类是主要的蔬菜种类，富含人体极为需要的碳水化合物、矿物质、维生素和蛋白质，是人类生活中不可缺少的副食品，同时具有重要的药用价值。甘蓝类的多茬或周年生产有利于提高土地经济效益和增加农业收入，有利于农业产业结构调整，有利于无公害蔬菜基地发展和满足国民生活需求。面对我国加入世界贸易组织的形势和蔬菜产业的发展趋势，蔬菜生产正逐步朝着由分散、零星生产向因地制宜、合理布局、统一规划、连片生产、适度规模的专业化转变；由片面追求数量、面积和重种植轻管理的旧习惯逐步向依靠先进的科学技术，注重提高质量转变；由单一种植向增加花色品种、开发名优产品、反季节生产转变；由城市近郊的集中生产，向依靠地理和气候优势，生产无公害蔬菜的专业基地转变。面对蔬菜生产的新形势，为使甘蓝类蔬菜产业发挥更高的社会效益和经济效益，在现代科学技术指导下，只有使优良品种推广与应用、抗病丰产高效栽培、高质量良种繁育、病虫害综合防治和低毒生物农药施用、优质产品的贮藏保鲜和加工利用等系列技术配套，才能发挥蔬菜产业在农业生产中的主导地位，才能推动农业产业结构的调整和促进蔬菜生产的发展。

我们从事甘蓝类育种和栽培技术研究已有 30 多年历史，从国内外收集了大量丰富种质资源，不仅育成了不同季节栽培的适宜品种，而且总结出了甘蓝类主要变种的良种繁育和栽培技术，并汇编成书。为了使这本书内容全面、新颖、详细、实用、易懂，在编写过程中参考了大量有关资料、图片和插图，同时得到了程永安副研究员等审阅指正，在此深表谢意。

限于编者水平，疵漏之处在所难免，恳请读者批评指正。

编著者

2002 年 5 月 8 日

西北农林科技大学

目　录

一、概　述

甘蓝类原产于欧洲地中海及北海沿岸，在英国、丹麦沿海地区和法国的西北部及希腊等地均发现过甘蓝的野生种。结球甘蓝、花椰菜、球茎甘蓝等其他甘蓝类变种皆由野生甘蓝进化演变而来。甘蓝野生种的改良栽培相传最早被古罗马和希腊人所利用，在公元前 2500～2000 年就已栽培，是世界上栽培历史最长、面积最大的蔬菜之一。甘蓝野生种栽培很早，据日本星川清亲在《栽培植物的起源与传播》一书中所述，不结球甘蓝的原始种，早已被栽培食用，但到了 13 世纪才出现结球松散的品种，16 世纪开始出现皱叶型和紫红叶型的品种。甘蓝类的变种在形态上存在很大差异，但它们是同科、同属、同种，染色体数都是 2n＝18 条，它们彼此间天然杂交可育率达 100％，杂交种子都能正常发育。这些不同变种的进化演变是野生甘蓝的茎和芽，经过不同环境条件和不同目标的选择与培育逐步形成的，以致这些变种与它们的祖先——野生甘蓝几乎没有相像的地方了。野生甘蓝枝繁叶茂、节间发育良好，顶芽和侧芽均为活动芽，开放生长。表现为茎高而多分枝，不结球。现在栽培的结球甘蓝，茎退化成短缩茎，顶芽活动优势很强，早期开始生长形成莲座叶丛，当莲座叶发展到一定程度，构成坚实的同化基础后，心叶开始抱合生长、逐渐充实，然后形成叶球；球茎甘蓝茎部短缩膨大形成球状或扁圆状的肉质茎；花椰菜由顶端生长优势显著的花枝形成肥嫩花球。

（一）甘蓝类变种

甘蓝类的变种可按下列的检索表加以区别：

A_1 花瓣黄色 ……………… 甘蓝（*Brassica oleracea L.*）

B_1 不形成特殊养分贮藏器官

C_1 叶绿色，平滑，以嫩叶和花薹供食 ……………………………………… 芥蓝（var. *alboglabra*）

C_2 叶常带红紫等色彩，多呈皱缩状，以嫩叶供食或供观赏 ………………… 羽衣甘蓝（var. *acephala*）

B_2 以叶球为养分贮藏器官

C_1 顶芽形成大的叶球

D_1 叶面平滑 ………… 结球甘蓝（var. *capitata*）

D_2 叶面紫色 …………… 红球甘蓝（var. *capitata*）

D_3 叶面皱缩 …………… 皱叶甘蓝（var. *bullata*）

C_2 侧芽形成小叶球 … 抱子甘蓝（var. *gemmifera*）

B_3 以短缩茎为养分贮藏器官 …………………………………………… 球茎甘蓝（var. *caulorapa*）

B_4 以短缩肥厚的花轴为养分贮藏器官

C_1 植株顶部花轴短缩肥厚 ………………………………………… 花椰菜（var. *botrytis*）

C_2 植株顶端及腋芽间花轴短缩肥厚 …………………………………………… 青花菜（var. *italica*）

A_2 花瓣白色，以肥嫩花茎及茎叶供食 ……………………………………… 白花芥蓝（var. *alboglabra*）

甘蓝类蔬菜在我国栽培历史虽然不长，但发展很快。特别是结球甘蓝，在南方和北方地区可普遍栽培。根据品种不同熟性的特点，各地都可排开播种，多茬栽培，在蔬菜周年供应中占有十分重要的地位。据不完全统计，我国结球甘蓝近年栽培面积已达 36.7 万公顷(550 万亩)。花椰菜在南方普遍栽培，北方栽培面积相对较小。球茎甘蓝在南方各省栽培面积不大，而在北方各省有较大面积的栽培。其他变种在国内栽培面积甚少，但近年有扩大的趋势。

（二）甘蓝类营养成分

甘蓝类为十字花科芸薹属作物，国内栽培面积较大的主要有三个变种：结球甘蓝、花椰菜、球茎甘蓝。甘蓝类营养丰富、价值高，食用主要以鲜食(炒食、凉拌、煮食)为主，还可泡菜，腌渍、脱水干制等。甘蓝类含有多种维生素和矿物盐类(表1)，对增强人类健康，增加体内所需营养物质具有重要意义。100 克鲜菜含维生素 C(抗坏血酸)41～88 毫克，它对促进人体胶原蛋白的形成，维持结缔组织完整性，防治坏血病起主要作用，同时也具有解毒作用；含钙 18～32 毫克、磷 24～53 毫克、铁 0.3～0.7 毫克，它们对人体骨骼的形成和发育，以及增进血液循环都有较大作用。结球甘蓝具有医疗作用，据《本草拾遗》记载，结球甘蓝味甘，性平，归脾、胃经，能医脾和胃，缓急止痛，可用于治疗脾胃不和、脘腹拘急疼痛等疾病，宜用结球甘蓝绞汁，加饴糖或蜂蜜烊化内服。近年来科学家又研究发现甘蓝类含有葡萄糖芸薹素、黄酮甙、绿原酸、异硫氰酸烯丙酯及维生素 U 等物质，对防治胃、十二指肠溃疡病很有好处；含有微量元素硒，这是很多蔬菜中所没有的，对保护眼睛具有特殊效能；含有多种吲哚衍化物成分，它能增强人体内苯并芘与甲基蒽对致癌物质的抵抗力。日本营养学家福家洋子教授等通过实验研究确认，结球甘蓝和花椰菜中所含异硫氰酸酯衍生物有杀死白细胞的效用，对胃癌细胞和细胞癌化等有抑制作用。

表1　甘蓝类主要变种食用部分所含营养成分　（100克鲜重）

主要变种	可食率(%)	水分(克)	蛋白质(克)	脂肪(克)	碳水化合物(克)	热量(千卡)	粗纤维(克)	灰分(克)	钙(毫克)	磷(毫克)	铁(毫克)	胡萝卜素(毫克)	硫胺素(毫克)	核黄素(毫克)	尼克酸(毫克)	抗坏血酸(毫克)
结球甘蓝	86	94.4	1.1	0.2	3.4	20	0.5	0.4	32	24	0.3	0.02	0.04	0.04	0.3	45
花椰菜	53	92.6	2.4	0.4	3.0	25	0.8	0.8	18	53	0.7	0.08	0.06	0.08	0.8	88
球茎甘蓝	73	93.7	1.6	0	2.7	17	1.1	0.9	22	33	0.3	—	0.05	0.02	0.4	41

二、结球甘蓝

结球甘蓝简称甘蓝，又称莲花白、洋白菜、圆白菜、大头菜、卷心菜、包菜、茴子白、蓝菜、西土蓝等；为十字花科芸薹属蔬菜，是甘蓝类的一个变种；以叶球为食。结球甘蓝原产于欧洲地中海至北海和小亚细亚地区。9世纪在欧洲广泛栽培；加拿大于1540年引进；美国在移民后引进，1799年在纽约附近也有栽培的记载；日本在明治初期引进栽培；我国最早在清康熙二十九年，即公元1690年开始栽培。结球甘蓝传入我国途径有三条，一条是由缅甸等东南亚国家传入我国云南，一条是由俄国传入我国黑龙江和新疆，一条是通过海路传至我国东南沿海地区，迄今约有 300 多年历史。

（一）结球甘蓝植物学特征

结球甘蓝由野生甘蓝进化而来，为草本植物。完成一个生活周期（从营养生长到生殖生长）需要 2 年的时间。第一年形成营养贮藏器官，经过冬季感受低温而通过春化阶段；第二年春季在长日照、适温下抽薹开花、形成种子而完成生殖生长阶段。

1. 根

结球甘蓝属须根系作物，主根基部粗大、不发达，须根发达、细而多，容易发生不定根。根主要分布在 30 厘米深和 80 厘米宽的土壤范围内，最长可深至 60 厘米、最宽至 100 厘米，能够大量吸收土壤中的营养成分。但因根系入土不深，抗旱力较差，要求比较湿润的环境条件。根的分枝性和再生能力比较强，主根断伤后，根茎部及埋入土中的茎基部都能形成不定根，适于育苗移植栽培。

2. 茎

结球甘蓝茎生长较短，分内、外短缩茎；茎的生长随着叶片的增加逐渐长高，形状多为圆柱体。外短缩茎着生莲座叶，内短缩茎也叫叶球中心柱，着生球叶，内短缩茎越短，包心越紧密，食用价值越高。种株栽植后，生殖生长阶段抽出直立的主花茎，在主花茎中部发生侧花茎，最下部的侧花茎成为潜伏芽而不抽薹开花，但主花茎折伤后，这种潜伏芽即发育成正常花茎而开花。

3. 叶

结球甘蓝分外叶、球叶。外叶在不同生长时期形态不同。子叶 2 枚，对生呈肾形。基生叶着生于茎基部子叶节以上，2 枚，对生，与子叶垂直排列成“十”字形，具有明显的叶柄，基生叶很小，呈瓢形。随后发生的叶片为幼苗叶，随着生长逐渐加大，呈卵形或椭圆形，网状叶脉，具有明显叶柄，互生在短缩茎上，一般达 8 片叶时完成幼苗阶段，常叫团棵。莲座期开始至包心生长的叶片，叶柄逐渐变短，以至叶缘直达叶柄基部，形成无柄叶；叶片形状因品种而异分为圆形、长圆形、倒卵形或宽披针形。叶片大小为 25～50 厘米×25～50 厘米，长宽比因品种而有差异，同一品种若栽培时期不同也有差异。叶色多为绿色或灰绿色、黄绿色等。叶面光滑、肉厚，少数品种叶片呈紫红色或叶面皱缩。叶面覆有灰白色蜡粉，是叶表皮细胞分泌物，有减少水分蒸发的作用。当外界环境条件干燥时，蜡粉增多，具有抗旱和耐热特性。叶序依品种而异，每个叶环的叶数分为 2/5 的叶环（5 叶绕茎 2 周而成一个叶环），或 3/8 的叶环（8 叶绕茎 3 周而成一个叶环）着生在茎上，形成叶丛。进入包球期，再生长出来的叶子就不向外开张而向内包球，顶芽继续分生新叶、生长，成为紧密充实的叶球。球叶由外向内逐渐变小，叶球由外层绿色或黄绿色向内逐渐变成白色；球叶为脆嫩肥厚的贮藏器官，叶柄短，叶圆，相互叠抱紧密；叶球的紧密度依叶球内短缩茎的节间长短而有所不同，内短缩茎节间短，则着生叶密，包球紧。

4. 花

结球甘蓝为总状花序，属于异花授粉植物，虫媒花。结球甘蓝顶芽分化出花芽，破球抽出花薹；从顶芽抽出的花序为主花序，最先开花，腋芽抽伸的花序陆续从上向下顺次开花。从主茎上发生的每一花序往往再分枝一、二次。每一花序上的花是从下向上陆续开放的，每一花枝上同一天内开放3～6朵花，每一朵花开放2～3天，整株的花期30～35天。花由花梗（花柄）、花托、花萼、花冠、花蕊（雄蕊、雌蕊）组成，属完全花。每朵花的花萼共有4个绿色萼片，着生在花的最外轮。花冠由4个花瓣构成，开花后“十”字形展开，呈辐射对称。花瓣的内侧着生花蕊，雄蕊6枚，分为2轮，外轮2个花丝较短，内轮4个花丝较长，称“四强雄蕊”；雌蕊位于花的中央，一般与内轮4个雄蕊等长；柱头位于顶端，以接受花粉，并有比雄蕊先成熟的特性，幼小花蕾的柱头已有接受花粉的能力；花柱较短，子房上位，由2个心皮合成，显著长于花柱。雌、雄蕊同居于一朵花中，称“两性花”。

5. 果实和种子

结球甘蓝授粉受精后结出角果，扁圆柱状，表面光滑，略呈念珠状，成熟时细胞膜增厚而硬化。角果由假膜分为2室，种子成排着生于假隔膜的边缘，形成“侧膜胎座”，内含种子20粒左右。果实成熟后沿腹缝线开裂，种子圆形，深褐色。角果尖端果喙部分细长，不含种子，不开裂。种子千粒重为3.3～4.5克，一般早熟品种（千粒重）高于中、晚熟品种。

（二）结球甘蓝生长发育过程

1. 生活周期

结球甘蓝是典型的二年生植物，在正常的情况下，第一年是生长根、茎、叶的营养生长期。从播种到形成营养贮藏器官——叶球，要经过种子发芽期、幼苗期、莲座期和结球期。成熟后将母株连根拔起，贮藏在2℃～7℃低温条件下，经过60天左右，通过春化阶段，进入生殖生长时期。结球甘蓝对低温要求严格，较高温度下不易通过春化阶段而不能进入生殖生长期而开花结实。第二年3～4月份气温≥10℃时，再将母株定植到露地，在长日照条件下抽薹、开花、结种子。6月份至7月份种子成熟，完成生殖生长过程。结球甘蓝生活周期图示（图1）。

（1）营养生长时期

种子发芽期　从播种、种子萌动发芽到第一对基生叶片展开与子叶形成十字即所谓“拉十字”时期。一般在土壤水分、温度和空气适宜的情况下，3～5天完成发芽期。但因栽培季节不同和育苗条件不同，种子发芽期的长短也不相同。一般夏、秋季3～7天，冬、春季10～20天。此期生长发育主要依靠种子内自身贮藏的养分和幼根根毛从土壤中吸取水分及养料。子叶是最初的同化器官。

幼苗期　从第三枚幼苗叶展开到第六至第八片真叶长出期。幼苗期除根和外短缩茎的生长之外，主要长出一个叶环左右的叶子。夏、秋季需25～30天，冬、春季需40～60天。这时期的根系不发达，生长很缓慢，叶片既小又少，根吸收能力和

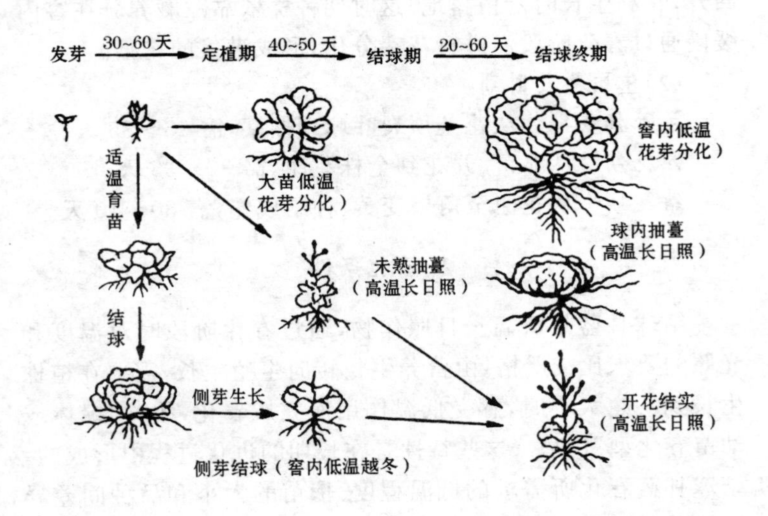

图1　结球甘蓝生育周期的形态变化

叶片同化能力都很弱，应该注意培养健壮幼苗。

莲座期　从第八片真叶展开到开始包球。莲座期所需天数因品种熟性的不同而不同。早熟品种需20天左右，晚熟品种需40天左右，中熟品种介于两者之间。这时期的叶片数迅速增加，叶向四周展开，呈莲座状。须根增加快，此时根吸收养分和叶片同化能力强，应创造适合茎叶和根系生长的条件，供给叶球生长充足养料。

结球期　从开始包球到叶球充实。所需天数，早熟品种相对较短，晚熟品种相对较长，一般需25～70天。这时期外叶即莲座叶制造大量养分，并输送到贮藏养分的叶球中，此时需要提供充足的水分、肥料和适宜的温度，才能有利于叶球充实增重。

休眠期　用于繁种的种株假植，贮藏于窖中，到翌年气温回升，有利生长时定植露地。这时期种株依靠贮藏养分在窖内缓慢通过春化阶段而进行花芽分化，形成潜伏的花薹。

（2）生殖生长时期

孕蕾抽薹期　从花茎顶裂叶球到抽薹，需 25～35 天。

开花期　从显蕾、开花到全株花谢，需 30～35 天。

结荚期　从花谢至角果变黄、种子成熟，需 30～40 天。

2. 春化条件

结球甘蓝是低温长日照作物，通过春化阶段时对温度和光照的要求比较严格。由营养生长转向生殖生长，需要在植株生长到一定大小时，感受低温作用而完成春化，故称“绿体或幼苗春化型”作物。这些特性是在长期的进化过程中形成的。结球甘蓝春化所需求的低温程度，依苗的大小和品种间差异而不同。其低温范围为 0℃～15℃，而在 2℃～7℃的温度条件下，完成春化的速度较快。多数品种长期在 15.6℃以上的环境条件下不能通过春化，也不能抽薹开花。而温度过低，通过春化也较迟缓。长日照对花芽分化影响较小，但对抽薹、开花有促进作用。结球甘蓝通过春化植株大小的标准，可依据幼苗茎的粗度、幼苗叶片数等生理苗龄或日历苗龄指标来判断。一般结球甘蓝茎粗要生长到 0.6 厘米、叶宽达 5 厘米以上，才能通过春化。但结球甘蓝的不同类型和品种，完成春化所要求的温度、时间长短及植株大小也不相同。据日本渡边就结球甘蓝几个品种所做的试验研究结果表明：春播极早熟品种从真叶 3 片时感应低温；中、晚熟品种在 6 片叶时感应低温（表 2）。

表 2　结球甘蓝品种低温感应与苗大小的关系

熟性	品　　种	抽　薹　率(%)		
		3 片叶	6 片叶	8 片叶
早熟品种	Copenhager. market	79	100	100
	Globe 圆球	67	100	100
	早生三贯目	69	100	100
	Parish Ballhead	90	100	100
中熟品种	Vander gaw	14	40	40
	札中幌大球	39	40	40
	南部	13	33	50

一般早熟品种的冬性较弱，通过春化所要求的苗龄较小，低温时间较短；晚熟品种的冬性较强，通过春化所要求的苗龄较大，低温时间较长。同一品种如日历苗龄相同，则生长速度快的，亦即生理苗龄较大的，容易先感受低温而通过春化。相反，生理苗龄相同，则日历苗龄较大者，易先感受低温而通过春化。

（三）结球甘蓝生长发育需要的条件

结球甘蓝具有适应性广、耐寒性和耐热性较强等特性，对栽培环境要求不严。

1. 温　度

结球甘蓝性喜温和冷凉气候，比较耐寒，其生长温度范围较宽，一般在 7℃～25℃温度条件下能正常生长。种子在

2℃～3℃时就能缓慢发芽，但出土较难；实际发芽出土的温度要求在8℃，但相对出土较慢，需15～18天才能出齐；发芽适温为23℃～25℃，2～3天即能出齐苗。刚出土的幼苗抗寒能力稍弱，幼苗稍大时，耐寒能力增强，能忍受较长期的－1℃～－2℃及较短期－3℃～－5℃低温。经过低温锻炼的幼苗，则可忍受短期－8℃甚至－15℃的寒冻。在20℃～25℃时适宜外叶生长。结球期生长适温为15℃～20℃。在昼夜温差明显的条件下，有利于养分积累，叶球生长良好。气温在25℃以上时，特别在30℃的高温干旱下，同化作用降低，呼吸加强，物质积累减少，致使生长不良，基部叶易变黄，叶片呈船底形，茎节增长，叶面蜡粉增加，致使叶球小、松散，包球不紧，降低产量和品质。叶球较耐低温，能在5℃～10℃的条件下缓慢生长，但成熟的叶球抗寒能力不强，如遇－2℃～－3℃的低温易受冻害。品种间有差异，一般晚熟品种较早、中熟品种抗寒能力强，可耐短期－5℃～－8℃的低温。适宜开花结荚的温度为20℃～25℃，温度过高或过低，都会显著影响开花和结荚。

2. 水　分

结球甘蓝要求在湿润气候条件下生长，不耐干旱。组织中含水量为94.4%。在结球期喜土壤水分多，空气湿润；在幼苗期和莲座期能忍耐一定的干旱。结球甘蓝的根系分布较浅，且叶片大，蒸发量多，要求相对空气湿度在80%～90%和土壤湿度70%～80%，其中尤以对土壤湿度的要求比较严格。如果保证了土壤湿度的要求，即使空气湿度较低，植株也能生长良好；如果土壤水分不足再加上空气干燥，则易引起茎部叶片脱落，生长缓慢，叶球小，而无商品价值。如果雨水过多，土壤排水不良，又往往使根受到渍水的影响，易导致植株死亡。

3. 光　照

结球甘蓝属长日照喜光作物。在植株未完成春化过程的情况下，长日照有利于营养生长；完成春化阶段后，长日照有利加速抽薹、开花。对于光照强度的要求适应范围宽，光饱和点在3万～5万勒。在光照不足的条件下，幼苗茎节伸长，成为徒长高脚苗；莲座叶基部叶萎黄，易脱落。在结球期，要求日照较短和光强较弱。一般在春、秋季节比夏、冬季节营养贮藏器官生长好。

4. 土　壤

结球甘蓝对土壤的适应性较强，且可忍耐一定的盐碱性，土壤以中性到微酸性（pH值5.5～6.5）为好。由于甘蓝类原产地富含石灰，所以在过度酸性的土壤中生长不好。结球甘蓝是喜肥和耐肥作物，对于土壤营养元素的吸收量比一般蔬菜作物要多，栽培上除选择保肥、保水性能好的肥沃土壤外，在生长期间还应施用较大量的肥料。结球甘蓝在不同生育阶段中对各种营养元素的要求比例也不相同。早期消耗氮素较多，到莲座期对氮素的需要量达到最高峰，叶球的形成期则消耗磷、钾较多，整个生长期吸收氮、磷、钾的比例为3∶1∶4。如氮肥多，而配合的磷、钾肥适当，则净菜率高。

（四）结球甘蓝品种类型和新品种简介

1. 品种类型

结球甘蓝依叶颜色分类可分为绿色（普通）、紫色；依叶球成熟期长短可分为早熟、中熟和晚熟；依叶球形状不同可分为尖头、圆头和平头3种基本类型(图2)。

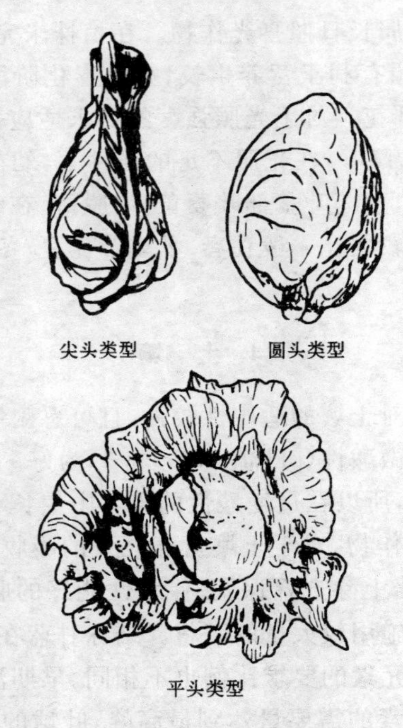

图2 结球甘蓝品种类型

(1) 尖头类型

球形指数(叶球纵径/叶球横径)＞1。植株较小，叶球小而尖，形似牛心或鸡心；叶片长卵形，向上直立生长，开展度小，中肋粗；叶球中心柱长。多为早熟的小型品种，从定植到叶球收获50～70天，代表品种有西安6号。

(2) 圆头类型

球形指数≈1。叶球圆球形，外叶少而生长紧密，叶球中心柱较短。多为早熟或中熟品种，包心紧实，球形整齐，成熟期集中，栽培较普遍。从定植到收获50～80天。代表品种有中甘8398、秦甘60、秦甘8505。

(3)平头类型

球形指数<1。植株较大，叶球为扁圆球形，多为晚熟的大型或中熟的中型品种。叶球较大，结球紧实，耐贮藏和运输，从定植到叶球收获80～120天。代表品种有晚丰、秋抗、内配3号。

2. 新品种简介

(1)早熟品种

秦甘8505

西北农林科技大学蔬菜花卉研究所育成的一代杂种，从定植到叶球收获48～50天。2002年陕西省审定。适于春季结球甘蓝早熟保护地和露地栽培，每667平方米定植4 500～5 000株，产量3 000～3 500千克。植株较直立，适宜密植；开展度40.8厘米，外叶数15片，叶深绿色，蜡粉少；叶球圆球形，绿色。单球重0.8千克，球内中心柱长5.8厘米，叶球紧实度0.68。高抗病毒病、黑腐病和干烧心；耐弱光、冬性较强，不易未熟抽薹；抗裂球。

中甘8398

中国农业科学院蔬菜花卉研究所育成的一代杂种，从定植到叶球收获55天左右。1998年国家级审定。适于春季结球甘蓝早熟保护地和露地栽培，每667平方米定植4 500株，产量3 300～3 800千克。植株开展度50～55厘米，外叶数12～16片，叶绿色，叶片倒卵圆形，蜡粉少；叶球圆球形，黄绿色。单球重0.8～1.0千克，球内中心柱长6.9厘米，叶球紧实度

0.58。冬性较强，不易未熟抽薹；抗病毒病和干烧心。

津甘8号

天津市蔬菜研究所育成的一代杂种，从定植到叶球收获50天。1995年天津市审定。适于春季结球甘蓝早熟露地栽培，每667平方米定植4 500株，产量3 500千克左右。植株紧凑，开展度42～45厘米，外叶数13～15片，叶深绿色，蜡粉中等；叶球圆球形，浅绿色。单球重0.8～1.0千克，球内中心柱长6.0厘米，叶球紧实度0.70。较抗病毒病、软腐病；冬性较强。

成功早生

从日本米可多引进的一代杂种，从定植到叶球收获45天。适于春季结球甘蓝早熟保护地和露地栽培，每667平方米定植4 500株，产量3 000～3 500千克。植株开展度42厘米，外叶数15片，叶深绿色，蜡粉少；叶球圆球形，绿色。单球重1.0千克，叶球紧实度0.66。冬性强，不易未熟抽薹。

东农607

东北农学院园艺系育成的一代杂种，从定植到叶球收获45～50天。1990年黑龙江省审定。适于黑龙江春季结球甘蓝早熟露地栽培，每667平方米定植4 500株，产量2 600千克左右。植株开展度43厘米，外叶数10～12片，叶绿色，蜡粉中等；叶球扁圆形，浅绿色。单球重0.75千克，球内中心柱长6.0厘米，叶球紧实度0.63。抗病毒病和干烧心；冬性较强。

秦甘60

西北农林科技大学蔬菜花卉研究所育成的一代杂种，从定植到叶球收获60天左右。2001年国家级审定。适于春季结球甘蓝提早栽培和秋季结球甘蓝早熟栽培，每667平方米定植3 300～3 500株，产量3 500～4 000千克。植株开展度52厘米，外叶数11～12片，叶深绿色，蜡粉中等；叶球圆球形，深绿色。单球重 1.2～1.4 千克，球内中心柱长 6.8 厘米，叶球紧实度 0.65。冬性强，耐未熟抽薹；抗裂球，抗病毒病、黑腐病和干烧心，兼抗霜霉病。

中甘 18

中国农业科学院蔬菜花卉研究所育成的一代杂种，从定植到收获 55～60 天。2001 年国家级审定。适于秋季结球甘蓝早熟栽培和春季结球甘蓝栽培，每 667 平方米定植 3 800 株，产量 3 400～3 500 千克。植株开展度 49 厘米，外叶数 15～16 片，叶绿色，蜡粉中等；叶球圆球形，绿色。单球重 0.94 千克，球内中心柱长 6.8 厘米，叶球紧实度 0.74。冬性强；耐裂球，抗病毒病和干烧心。

中甘 11

中国农业科学院蔬菜花卉研究所育成的一代杂种，从定植到叶球收获 50～55 天。1989 年国家级审定。适于春季结球甘蓝保护地和露地栽培，每 667 平方米定植 4 500 株，产量 3 000～3 500 千克。植株开展度 52 厘米，外叶数 12～14 片，叶深绿色，蜡粉中等；叶球近圆球形，浅黄色。单球重 0.8 千克，球内中心柱长 7.0 厘米，叶球紧实度 0.53。冬性较弱，抗病毒病和干烧心。

西安 6 号

陕西省西安市蔬菜研究所育成的一代杂种，从定植到叶球收获 65～70 天。1991 年陕西省审定。适于冬春季结球甘蓝保护地和春季结球甘蓝露地栽培，每 667 平方米定植 3 500 株左右，产量 2 500～3 500 千克。植株半直立，开展度 55～65 厘米。外叶数 11～13 片，叶青绿色，蜡粉少；叶球牛心形，浅绿色。单球重 1.1 千克，球内中心柱长 10.2 厘米，叶球紧实度 0.56。冬性强，耐未熟抽薹；不易裂球，较抗病毒病和干烧心。

冬甘1号

天津市蔬菜研究所育成的一代杂种，从定植到叶球收获40～45天。1998年天津市审定。适于春季结球甘蓝早熟保护地和露地栽培，每667平方米定植4 000～4 500株，产量3 000千克左右。植株开展度40.6厘米，外叶数13～15片，叶柄短；叶深绿色，蜡粉少；叶球近圆球形，黄绿色。单球重0.7千克，球内中心柱长5.6厘米，叶球紧实度0.68。较抗病毒病和干烧心，耐寒，冬性强。

（2）中熟品种

秦甘70

西北农林科技大学蔬菜花卉研究所育成的优质抗病一代杂种，从定植到叶球收获70天左右。2000年陕西省审定。适宜早夏和秋季结球甘蓝栽培，春季也可栽培，每667平方米定植2 600～3 000株，产量4 100～4 600千克。植株开展度60.5厘米，外叶数15～16片，叶灰绿色，蜡粉较多；叶球扁圆球形，绿色，单球重1.8～2.0千克，球内中心柱长6.5厘米，叶球紧实度0.57，叶质脆甜，生食、炒食兼用。冬性强，包球紧实，不易裂球。高抗病毒病、黑腐病和软腐病。

秦甘80

西北农林科技大学蔬菜花卉研究所育成的抗病优质一代杂种，从定植到叶球收获80天左右。2000年陕西省审定。适宜越冬和秋季结球甘蓝栽培，每667平方米定植2 400～2 500株，产量4 800～5 000千克。植株开展度65.0厘米，外叶数13～15片，叶片较大，叶绿色，蜡粉中等；叶球扁圆形，黄绿色。单球重2.0～2.5千克，球内中心柱长6.2厘米，叶球紧实度0.55。球叶质地脆嫩，生食香甜，无芥辣味，熟食鲜美脆甜。冬性强，抗未熟抽薹。高抗病毒病、黑腐病和干烧心。

秦菜3号

西北农林科技大学蔬菜花卉研究所育成的一代杂种，从定植到叶球收获80～85天。1989年陕西省审定。适宜越夏和秋季结球甘蓝栽培，每667平方米定植2 400～2 600株，产量4 000～5 000千克。植株开展度61.0厘米，外叶数14～16片，叶灰绿色，叶缘波浪状，叶面蜡粉多；叶球扁圆球形，浅灰绿色。单球重1.6～2.0千克，球内中心柱长6.1厘米，叶球紧实度0.58。抗热，在30℃高温下能正常生长，包球不易腐烂。较抗蚜虫和菜青虫，抗病毒病、黑腐病和软腐病。

夏 光

上海市农业科学院园艺研究所育成的一代杂种，从定植到叶球收获75天左右。1984年国家级审定。适于越夏栽培，每667平方米定植3 300～3 500株，产量2 500～4 000千克。植株开展度58.0厘米，外叶数16～18片，略皱缩，有缺刻，叶灰绿色，蜡粉多；叶球扁圆球形，绿色。单球重1.2～1.3千克，球内中心柱长10.5厘米，叶球紧实度0.52。耐热性强，抗病毒病和黑腐病较差。

中甘8号

中国农业科学院蔬菜花卉研究所育成的一代杂种，从定植到叶球收获70天左右。1989年国家级审定。适宜早夏和秋季结球甘蓝栽培，每667平方米定植2 600～3 000株，产量4 000～4 300千克。植株开展度61.5厘米，外叶数16～18片，叶灰绿色，蜡粉较多；叶球扁圆球形，绿色。单球重1.5～1.8千克，球内中心柱长6.8厘米，叶球紧实度0.54。较耐热，抗病毒病，易感黑腐病。

京丰1号

中国农业科学院蔬菜花卉研究所和北京市农林科学院联

合育成的一代杂种，从定植到叶球收获 85～90 天。1984 年国家级审定。适宜越冬和秋季结球甘蓝栽培。每 667 平方米定植 2 500 株，产量 4 000～5 000 千克。植株开展度 71.0 厘米，外叶数 14～16 片，叶淡绿色，蜡粉中等；叶球扁圆球形，绿色，单球重 2.0～2.5 千克，球内中心柱长 6.8 厘米，叶球紧实度 0.58。球叶质地脆，品质较好。冬性强，抗未熟抽薹。较抗病毒病，不抗黑腐病。

东方秋丰

由东方正大种子有限公司从泰国引进的一代杂种，从定植到叶球收获 90 天左右。适宜早夏和秋季结球甘蓝栽培，每 667 平方米定植 2 400～2 600 株，产量 4 200 千克左右。植株开展度 68.0 厘米，外叶数 17～18 片，叶深绿色，蜡粉适中。叶球扁圆球形，单球重 2.0 千克。耐热、耐旱、抗病。

黄苗

由日本引进的常规品种，从定植到叶球收获 80～90 天，1980 年黑龙江省审定，1987 年陕西省审定。适宜越冬栽培，每 667 平方米定植 2 500 株，产量 4 000～4 500 千克。植株开展度 70～80 厘米，外叶数 14～15 片，叶淡黄色，蜡粉中等。叶球扁圆形，黄绿色。单球重 2.0 千克，球内中心柱长 6.5 厘米，叶球紧实度 0.52，品质较好。冬性强，较抗未熟抽薹，易感黑腐病和病毒病。

（3）晚熟品种

秋抗

西北农林科技大学蔬菜花卉研究所育成的一代杂种，从定植到叶球收获 100～120 天。1990 年陕西省审定。适宜秋、冬季栽培，每 667 平方米定植 2 000～2 200 株，产量5 500～6 500 千克。植株开展度 70～75 厘米，外叶数 16～18 片，叶深灰绿色，蜡粉中等；叶球扁平球形，稍鼓，绿色。单球重 3.5～4.5 千克，球内中心柱长 6.9 厘米，叶球紧实度 0.55。球叶质地脆甜，风味品质优良。抗寒，耐贮运；抗病毒病、黑腐病和软腐病。

内配 3 号

内蒙古自治区农业科学院蔬菜研究所育成的一代杂种，从定植到叶球收获 100～120 天。1991 年内蒙古自治区审定。适宜秋、冬季栽培，每 667 平方米定植 1 800～2 000 株，产量 6 000～6 500 千克。植株开展度 75～78 厘米，外叶数 24 片，叶深绿色，有蜡粉，叶面稍皱，叶缘无缺刻；叶球扁圆球形，绿色，单球重 5.5～6.0 千克，球内中心柱长 12.5 厘米，叶球紧实度 0.54。耐寒性强，耐贮藏；抗病能力强。

晚 丰

中国农业科学院蔬菜花卉研究所育成的一代杂种，从定植到叶球收获 100～110 天。1984 年国家级认定。适宜秋、冬季栽培，每 667 平方米定植 2 200～2 400 株，产量 5 000～6 000 千克左右。植株开展度 65～75 厘米，外叶数 15～17 片，叶绿色，蜡粉中等，中肋绿白色；叶球扁平球形，绿色，单球重 2.5～3.0 千克，球内中心柱长 11.8 厘米，叶球紧实度 0.55。叶质粗硬有纤维，耐寒性中等，耐旱涝，耐贮运。较抗病毒病，易感黑腐病。

（4）紫甘蓝品种

红 亩

由美国引进的一代杂种，从定植到叶球收获 75～80 天。适宜春季栽培。每 667 平方米定植 2 600 株，产量 2 500 千克左右。植株开展度 60～65 厘米，外叶数 18～20 片，叶色紫红色，蜡粉中等；叶球近圆球形，单球重 1.5 千克，球内中心柱长

6.5 厘米。品质较好。抗病毒病，易感黑腐病。

早 红

由荷兰引进的一代杂种，从定植到叶球收获 65～70 天。适宜春、秋季保护地及露地栽培，每 667 平方米定植 3 300～3 500 株，产量 2 000～2 200 千克。植株开展度 60 厘米，外叶数 16～18 片，叶片中等，叶色紫红色，蜡粉较少；叶球卵圆形，基部较小，单球重 0.75～1.0 千克，球内中心柱长 6.3 厘米。品质中。较抗黑腐病和病毒病。

巨石红

由荷兰引进的一代杂种，从定植到叶球收获 85～90 天。适宜春、秋季栽培，每 667 平方米定植 2 200～2 400 株，产量 3 500 千克左右。植株开展度 68～70 厘米，外叶数 20～22 片，叶片较大，叶色深紫色，蜡粉较少；叶球圆形稍扁，单球重 2.0 千克左右，球内中心柱长 6.8 厘米。耐贮性好，品质中。较抗黑腐病和病毒病。

紫 阳

由日本引进的一代杂种，从定植至叶球收获 90 天左右。适宜春、秋季栽培，每 667 平方米定植 2 400 株，产量 3 000 千克左右。植株开展度 65～70 厘米，外叶数 18～20 片，叶色紫红色，蜡粉较多；叶球圆形，单球重 1.8～2.0 千克，球内中心柱长 6.5 厘米。品质好。抗病毒病和黑腐病。

（五）结球甘蓝周年生产技术

结球甘蓝在全国栽培面积很大，也很普遍，各地因气候不同，栽培茬次和季节也不相同。除在严寒或高温较长月份不能露地栽培外，其他月份均可栽培。在北方，特别是西北地区，结球甘蓝依收获期来说,一年可以栽培春、夏、秋三季。

春结球甘蓝:秋季或冬季播种,春末到初夏收获;

夏结球甘蓝:春季或夏季播种,晚夏或早秋收获;

秋冬结球甘蓝:夏季播种,秋末冬初收获。

结球甘蓝依定植到成熟期熟性不同来说,基本可分早、中、晚熟三类品种。选用适当品种,排开播种栽培,分期收获,能达到周年均衡供应。

早熟品种:适龄苗定植后60天左右达到商品成熟;

中熟品种:适龄苗定植后80天左右达到商品成熟;

晚熟品种:适龄苗定植后100天左右达到商品成熟。

结球甘蓝栽培要求轮作倒茬,这样可克服连作引起的不良效果。连作容易使结球甘蓝生长受阻,原因如下:土壤中无机养分组成变化,土壤养分比例失调,出现生理病害;土壤中遗留相同病虫害侵染的残根断叶和虫卵使病虫基数加大,侵染性病虫害严重;土壤理化性质变劣,微生物活性加强,土壤中有机物质被同类前茬作物利用,常发生有机质含量减少。这样使结球甘蓝栽培生长不良,产量低。

结球甘蓝轮作范围宽,各茬都能生长良好。在常年蔬菜栽培区,结球甘蓝前作选择非十字花科蔬菜,如葱、蒜类、瓜类、豆类、茄果类等,可实行三、四年的轮作制。在结球甘蓝与粮食作物轮作栽培区,结球甘蓝前作可选择小麦、红芋等吸收土壤肥力少的作物。结球甘蓝与玉米、西瓜、棉花等作物套种或与番茄、黄瓜、葱、蒜类等蔬菜间作,都有利于它们的生长结球和增产增收。

结球甘蓝属须根系作物,主根不发达、须根多,容易发生不定根;根小叶大,栽培生长需肥水量大。在建立大面积生产基地或选择栽培田块时,除考虑到天然水源和降雨外,还应开发地下水源进行灌溉，才能保证水分需求；除此之外要有充足的农家肥和以氮、磷、钾肥为主的化肥；结球甘蓝生长应选择土壤结构良好，质地疏松，有机质含量高，蓄水保肥能力强，通气条件好，未受病虫、毒物、工业废水污染的田块，这样能够给结球甘蓝根系创造良好的生长发育条件。壤土、砂壤土、粘壤土均有利结球甘蓝栽培。一般选择好田块后应深翻土地，冬要灌、夏要晒，有利根系生长层内水、肥、气、热等因素协调活化，既能使土层保水、保肥性能好，根系分布范围广，吸收能力强，地上部生长良好，又能起到晒、冻耕层，熟化土壤，掩埋肥料和未腐熟的有机质，消灭杂草、病虫害的作用。一般结球甘蓝根系主要分布在30厘米深和80厘米宽的范围内，故土壤耕作要求春栽培的冬闲地应秋、冬季耕翻25～30厘米深，夏季或秋、冬季的栽培地应深耕20～25厘米。

1. 春季栽培技术

春结球甘蓝栽培主要选用耐寒性强的早熟品种和冬性强、耐寒的中熟品种。以不易未熟抽薹、包球紧实、上市早的品种特性为依据选择适宜期栽培。西北地区播种期，早熟品种12月下旬至翌年1月上旬，中熟品种10月中下旬。主要解决4～5月份春淡季市场供应。

(1) 育　苗

春结球甘蓝育苗时期处在秋冬寒冷季节，多采用阳畦、大棚育苗。

① *苗床准备*　育苗床选择避风向阳，位置适中，土壤疏松、肥沃，水源方便，便于管理的非十字花科蔬菜田块。苗床做好后，施入富含有机质粪土，深翻床土15～20厘米，多次翻挖碎土，过筛整平，用铁锨拍打或用脚踩踏床土。土壤较湿时，可

轻打或轻踩；土壤较干时，可重打或重踩。防止灌水后床土出现下沉不一或裂缝，造成出苗不整齐。随后用钉耙轻轻反复搂平，准备播种。

② 播种方法　春结球甘蓝播种分干籽播种和浸种催芽播种两种方法。阳畦和大棚育苗多采用干籽播种，温床和温室多采用浸种催芽播种。春结球甘蓝播种期分为秋播和冬播，以冬播为多；秋播中熟品种要求冬性强，抗寒力高。陕西省秋播阳畦育苗时间为 10 月 15 日左右，11 月中旬阳畦分苗；冬播早熟品种，依其冬性强弱的不同，阳畦或大棚播种时间为 12 月下旬至翌年 1 月中旬；温床或温室相对推迟 10～15 天。

浸种催芽：筛选种子，除去杂物和秕籽后，浸种催芽。用 50℃温水浸种 10～15 分种，不停搅拌，待水温降至 30℃以下，继续浸泡 3～4 小时。然后捞出种子滤去水分，装入通气、通水性好的纱布袋内，并用毛巾包好。置于 18℃～25℃的恒温箱或热炕上进行催芽。催芽期间用 30℃左右的温水浸浴 1～2 次，每次 10～15 分钟，同时抖动纱布袋，使种子受温一致。一般催芽 48 小时即可露白发芽。

播种：依品种选准播期，用水浇透床土，待水渗完后撒播干籽或催芽种子。一般每平方米播 3～4 克。播时不可过密，防止秧苗细弱。撒完种子后，覆 0.5～0.8 厘米厚的细土。覆土过厚会使出苗慢，消耗营养多，幼苗不壮；覆土过薄造成种子带壳出土，影响幼苗进行光合作用和生长发育。随后，阳畦安装玻璃窗，大棚插拱盖薄膜，两者均加盖草帘。玻璃窗相连处用报纸封严，窗框或薄膜四周用细土或泥密封保温，促使种子加快出苗。

③ 苗床管理　加温调湿，日揭夜盖，及时间苗、分苗，培育壮苗。

出苗：春结球甘蓝播种后需要较高温度，出苗天数以床温不同而不同，一般保持床温15℃～20℃，需10～12天出苗；床温20℃～25℃，需5～7天出苗。出苗前不要通风，以免降低床温。播前灌透底水，至分苗前不需灌水。幼苗出现真叶后，开始通风锻炼，先通小风，后通大风，经常保持白天床温15℃～20℃，夜间床温8℃～10℃为宜。幼苗过密时可选晴天间苗，淘汰叶色黄绿、节间细长的弱苗、杂苗；选留茎秆粗壮、节间短、叶片肥厚、叶色黑绿的健壮幼苗。

分苗准备：在分苗前5～7天要将分苗床准备妥当，小棚、阳畦、大棚、温室都可作分苗用。分苗床土要求土壤肥沃、细碎、松软、床土平整，有条件可进行土壤消毒。幼苗长出2～3片真叶时分苗，分苗前3～5天应适当降低苗床的夜间温度，锻炼幼苗，增强幼苗的适应性。分苗前要适量灌水，使起苗时床土湿度恰当，伤根少，根部易带原土。分苗选在晴天进行，以利床土增温，发根缓苗快。起苗时尽量不要损伤根系和叶片，并按大小苗分级，使分苗床内秧苗大小一致，以利管理。起苗和分苗要配合好，一次不要起苗太多。起出的苗应立即栽到苗床中去，一时栽不完的苗，要用湿布袋覆盖，放在阴凉处，以防幼苗受冻或根部被晒干和被风吹干。分苗又分为开沟分苗和营养钵分苗两种。

开沟分苗：用分苗刀按行距7厘米开一深8厘米左右的小沟，用水壶灌水，待水渗完后栽苗。苗距7～8厘米，栽苗时苗靠沟同一侧，放入苗后埋根填土。分苗的深浅一般以子叶高出土面1.0～1.5厘米为宜；过深不易缓苗，不易发生新根；但过浅秧苗易倒伏，也不利于发生侧根。为避免阳光曝晒幼苗，采取边移苗边遮荫，整个分苗床苗满后，覆盖玻璃窗或塑料薄膜并加草帘。

营养钵分苗：用旧报纸或塑料布做成高10厘米左右，长、宽各8厘米的近正方体或直径8厘米的圆柱形的营养钵，装入3/5左右营养土，按顺序排于分苗床中，随后用水壶给营养钵灌足水，等水渗完后将苗移栽入营养钵内，再装入营养土，上面留1厘米左右的空隙，以便苗期灌水。

缓苗与炼苗：两种方法分苗后，2～3天内不能通风。缓苗后视幼苗生长和土壤干湿度状况灌水和通风锻炼，保持床温白天13℃～16℃、夜间6℃～8℃。定植前7～8天，逐步进行幼苗适应性锻炼，控制灌水，并逐渐延长揭帘时间至定植前4～6天全部除去覆盖物，使之适应露地气候。

（2）整地和定植

① 整地　选择经过深翻、冬灌、熟化土壤的田块，施足基肥，每667平方米施农家肥3 000～4 000千克，磷、钾肥25千克。然后翻挖碎土，整平做畦。

② 定植　北方露地定植春结球甘蓝在土地完全解冻后进行。定植时间依照品种冬性强弱和抗寒力而决定。一般气温恒定在10℃以上，幼苗有6～7片真叶时定植。陕西省一般在3月中下旬露地定植为宜。定植前应细致选苗，淘汰杂苗、劣苗。定植时采用坐水定植或先栽苗，然后满畦灌水两种方法。但前者地表盖干土，既能保墒又不会因灌水而降低地温，对春结球甘蓝提早定植很有好处；后者灌水量大，容易降低地温，造成土壤板结，对缓苗不利。坐水定植方法是先按行、株距开挖定植沟或穴，随后沟或穴灌水，然后放入带土坨的苗子，待水渗下后封土稳苗。为使幼苗生长迅速，可在定植沟或穴内撒施尿素每667平方米5千克。

（3）田间管理

① 灌水　定植缓苗后灌1次水，促进幼苗生长。因北方

此时气温和地温相对较低，灌水量不宜过大。随后控制灌水，蹲苗到包球初期。待包心后，温度升高，春结球甘蓝生长快，故需加大灌水量并增加灌水次数，地面见干时就应灌水。生长期共灌 4～5 次水，在采收前要适当控制水分，防止裂球，影响产量和产品质量。

② 追肥　结球甘蓝根系分布浅，需肥较多，除重施基肥外，还须追肥 3～4 次。追肥前期以氮、磷、钾为主，后期以氮肥为主。据研究，结球甘蓝在任何营养生长期所吸收的氮素始终都有助于叶球的形成，而磷、镁、硫在生长后期被吸收时，几乎对结球甘蓝叶球的形成不起作用。追肥时间分别为缓苗后中耕追 1 次肥，在需肥高峰期即莲座末期追 1 次肥，每 667 平方米追施尿素 10～15 千克，磷、钾肥 5 千克，混合施用。包球中期由于温度日渐升高，日照渐加长，为了早熟品种能够在较短的时间内完成结球过程，需再追氮肥 1 次，每 667 平方米追施尿素 10 千克，促进叶球充实，追肥环施于株间，同时伴随灌水或中耕。

③ 中耕除草与培土　中耕次数及深浅，依天气及苗棵大小而定，棵大浅耕，棵小深耕。缓苗后中耕 1 次，宜深，植株周围锄透以利保墒和提高地温，促使发根；莲座中期和包球前期结合灌水中耕和培土，宜浅锄并向植株周围培土，促使外短缩茎多生根，促进叶球膨大，但需防止中耕伤害外叶；在外叶封垄后虽然不容易中耕除草，若有杂草，应随时拔除，减少水肥损失。

④ 采　收　叶球充分肥大，包心紧实，应及时采收，防止裂球。

2. 夏季栽培技术

夏结球甘蓝栽培主要用耐热性强的中熟品种，因其在晚夏或早秋高温高湿条件下能够正常生长并具抗病力。栽培目的是解决 8～10 月份夏淡季市场供应。这茬结球甘蓝正处北方地区高温季节，对性喜凉爽的不抗热品种，特别是早、晚熟品种生长十分不利，栽培后产量低、商品性下降、品质差、叶球包而不紧实，故不宜栽培。

（1）育　苗

夏结球甘蓝采用育苗栽培，播种期依品种的耐热程度和生育天数而定。夏结球甘蓝采收比较集中，因此采用不同播期才能达到分期收获、分期上市的目的。西北地区夏结球甘蓝播种期在 4 月下旬至 6 月上旬，5 月中旬至 7 月上旬定植，8 月至 10 月上旬收获。

① *育苗方法*　夏结球甘蓝育苗期正处在气温较高时期，幼苗可以在露地条件下正常生长，多采用露地覆盖育苗和露地育苗两种方法。夏结球甘蓝分干籽播种和催芽播种两种。浸种催芽比干籽播种效果好，其原因在于夏结球甘蓝生长期的环境条件有利结球甘蓝黑腐病、软腐病等病害发生，而病菌主要来源之一是种子带菌。据陕西省蔬菜研究所检测（1989），市售 5 个品种结球甘蓝种子带黑腐病菌率为 12%～28%。因而通过 50℃～55℃热水浸种或药剂处理种子可杀死病菌，防止或减少病害发生。在高温季节夏结球甘蓝播种时，可采用芦席或草帘遮荫，防止强光晒苗和大雨拍苗。播种时间选在下午，播后 48～72 小时出苗，可避开中午高温期。

② *苗床管理*　管理关键是培育壮苗，增强幼苗耐高温、抗病能力。除自然温度、光照有利于夏结球甘蓝幼苗生长外，

还需保证单苗营养面积和加强肥水管理。

间苗：一般夏结球甘蓝不采用分苗育苗，需保证单苗营养面积。一要采用等距离（5～7厘米见方）点播；二要间苗，苗出齐后到第一片真叶展开要及时间苗，间去多余过密的幼苗，每穴留2苗。3片真叶期定苗，每穴留1株健壮苗。间苗时要间除杂苗、病苗、弱苗，选留符合品种标准性状的壮苗。

肥水管理：夏结球甘蓝苗期短，幼苗生长快（一般苗龄30～40天），苗床应经常保持湿润。苗期除播种时灌透底水外，育苗中期，结合天气和苗床干湿度，可灌1～2次水。追施氮肥2次，追肥量每平方米0.025千克。中后期追加1次叶面肥，浓度选用0.6%尿素、0.4%磷酸二氢钾和0.1%硫酸锌、硼酸、钼酸铵的复合液，对叶片进行正反两面喷施，喷肥量以肥液从叶面上欲滴而滴不下为宜。

（2）整地定植

选择地势高燥、便于排水的非十字花科越冬菜或早春菜后茬栽培。施足基肥，由于夏结球甘蓝比春结球甘蓝定植后生长期长，应每667平方米施厩肥5 000～7 500千克，磷酸二氢钾肥40千克。夏结球甘蓝适龄苗定植宜早不宜迟，定植苗龄选在5～6片真叶期，采用带土坨定植，有利缓苗和植株健壮生长；定植的前1天下午灌足起苗水，定植时带坨起苗，并保证土坨完整；定植选在温度相对较低的傍晚、阴天，随栽随浇水，防止晒苗和高温烤苗而延长缓苗。

（3）田间管理

①灌水　栽苗后灌稳苗水，天晴高温不雨，连续灌2～3次水，促使降温缓苗，直至幼苗成活。缓苗后控制灌水，一般相隔7～10天灌1次水。采用轻灌，以水流到畦的尽头为宜，防止苗棵旺长和降低抗逆性。以后随着植株长大，外叶封垄，遮

盖地面，土壤水分蒸发减少，需要逐渐减少灌水次数而加大水量。采用重灌，以畦面的畦埂灌满为宜，一般约灌水15厘米深。进入莲座期，水分管理是夏结球甘蓝栽培成功关键。由于莲座期和结球期正处高温、强光季节，水分供给合理充足，植株生长正常，结球甘蓝内短缩茎的节间短，能够结球紧实，叶球充实，商品性好；若水分不足，结球小，且疏松不紧实；若水分过多，高温高湿，病害易发生，叶球易开裂，失去商品价值。因而灌水应依照地面不干不灌水的原则，经常保持地面湿润。每次灌水的时间应在早晨或傍晚为好，避免高温、潮湿带来的不良影响。在结球中、后期，如遇暴雨，应及时排水或用井水灌溉，增加土壤含氧量，以利于结球甘蓝根系生长，减少黑腐病、软腐病发生。

② 中耕追肥　定植缓苗后，于土壤潮湿时进行中耕蹲苗。苗大多蹲、苗小少蹲，一般蹲苗6～8天，蹲苗结束时灌1次水。莲座初期结合追肥，每667平方米穴施尿素15千克、磷钾肥5千克，同时中耕1次；莲座末期采用穴施追肥或跟水追肥，此时加大追肥量，每667平方米追施尿素20千克、磷钾肥10千克；进入包球期多采用跟水追肥，一般每灌2～3次水，追1次尿素。实行少量多餐，以氮肥为主。每次每667平方米追施尿素10～15千克，采收前15天停止追肥。

③ 采收　夏结球甘蓝收获季节正值高温期，叶球易裂球、腐烂，因而球包紧实后，应及时采收上市，防止损失，提高商品率。

3. 秋冬栽培技术

秋冬甘蓝栽培主要选用品质优良、抗病性强、生育期长、叶球大、产量高的抗寒耐贮的晚熟品种，早熟、中熟品种选择适宜播期也可种植。在夏播、秋冬收获的栽培期间，外界有效积温大，气温变化由高到低，有利结球甘蓝生长发育要求。莲座期高温有利外叶生长，结球期低温和昼夜温差增大，有利球叶生长和叶球膨大，这种有利的外界条件使结球甘蓝充分表现不同熟性品种，特别是晚熟品种的优良特性，从而达到优质高产栽培。秋冬结球甘蓝栽培目的是解决鲜菜供应、加工和冬贮需求。

（1）育　苗

秋冬结球甘蓝育苗时期处在夏季高温季节，多采用露地遮荫育苗栽培。

①苗床准备　育苗床应选择地势高燥、土壤疏松，排水性好，运苗、灌水方便的非十字花科田块。平畦苗床长10～15米，宽1.2～1.5米，苗床土深翻曝晒。秋冬甘蓝苗期正处在气温高、光照强的外界条件下，幼苗生长速度快，苗龄短，一般需28～30天苗龄即可定植。苗床施肥以厩肥和速效肥为主。备好床土后，施入厩肥400～500千克、尿素0.15千克、复合肥1.0千克和适量土壤杀虫灭菌剂，使之与床土混合拌匀，搂碎拍实后准备播种。

②播种方法和播期选择　秋冬结球甘蓝采用干籽播种，分为撒播和等距离点播。秋冬结球甘蓝适宜播期可视品种熟性和适应性而定。晚熟品种早播，中、早熟品种晚播。西北地区分别于6月上旬至7月中旬播种。播种过早容易发生病害和裂球腐烂；播种过迟包球不紧，产量降低，商品率下降，不易冬贮。

③播　种　整平苗床土后放水灌床，待水渗完后再撒1层5～6厘米厚的培养土，随后撒播种子或按5～6厘米见方距离纵横划行，在每个方格中央播2～3粒种子，播后覆盖

0.5～1.0 厘米过筛的细土，并用草帘或芦席搭置遮荫棚，防雨防晒。苗出齐后，可于当日下午日落后揭去遮盖物。揭去遮盖物过迟造成芽苗徒长、变黄；过早则造成表土干燥不利出苗。1 亩(667 平方米)苗床可供 50 亩(3.33 公顷)结球甘蓝栽培用苗。撒播育苗需种子 2.5～5 千克；点播育苗需种子 1～1.5 千克。

④ 苗床管理　苗床管理是培育壮苗，实现秋冬结球甘蓝优质高产栽培的关键措施。出苗做好遮荫、防晒、防雨；子叶展开后及时间苗，并拔除丛生苗、弱苗、病苗；点播穴留 2 苗，第三片真叶定苗。第二片、第五片真叶展开后，各轻追 1 次尿素，每平方米追施 0.025 千克；子叶展开，地面干燥时，可在下午用水壶洒水或小水灌苗，长出真叶后经常保持地面湿润，但防过湿。床土过湿，可用草木灰、干细土覆床，防止黑胫病、霜霉病发生。

(2) 整地定植

深翻土地，打碎土块，按照品种栽培密度整畦。施足基肥，每 667 平方米施厩肥 7 500 千克或腐熟油渣 300 千克，磷钾肥 40 千克。耕翻畦土、搂平畦面待定植。苗龄 6～7 片真叶及时定植，苗子过大不易缓苗，苗子过小成活率下降；定植前 1 天在苗床灌水，次日下午带土坨(喷药防虫处理)移栽。注意防止根土的撒落，以免因伤根而影响定植后土壤营养和水分的吸收，延长缓苗期。栽苗时宜浅栽，以结球甘蓝幼苗底叶距离地面 1 厘米为度，栽完后及时灌水。

(3) 田间管理

对于秋冬栽培的生育期长、产量高的晚熟品种，因其对营养元素和水分的需求量较其他早、中熟品种更多，加之外界有利生长的气候条件，故秋冬结球甘蓝管理措施不同于春、夏结球甘蓝，科学施肥和合理灌水是管理的关键。

① 灌　水　因定植期在北方地区正处在高温时期，所以合理灌水是保证定植苗成活和具有一定同化莲座叶面积的重要措施。幼苗定植后，第一次稳苗水不宜过大、过多，相隔1天后再灌1次水，以利降温、缓苗和保苗。缓苗后实行蹲苗，7～10天后再行灌水。莲座期至包球中期，每隔6～7天灌1次水；包球后期每隔10～15天灌1次水，保持地面见干、见湿。作为外销或贮藏、脱水加工的秋冬栽培结球甘蓝，在收获前10天停止灌水。灌水选在傍晚或清晨进行。

② 中耕追肥　对于选用生育期短的早、中熟品种，应以基肥为主，适当追肥；对于选用生育期长的晚熟品种，除以基肥为主外，还应重视增施追肥。定植后10天左右中耕，防止地面板结，促进土壤通气并可施第一次追肥，每667平方米追施尿素15千克，为莲座叶生长提供充足养分；莲座期追2次肥，并且追肥量要大，才能促使植株旺盛而健壮的生长，为结出巨大的叶球奠定基础。追肥时间为进入莲座叶初期，可施第二次追肥，伴随中耕除草。中耕远苗宜深，近苗宜浅。并应提高施肥浓度，每667平方米追施尿素15～20千克；进入莲座中后期进行第三次追肥，这是重点施肥时期，浅耕时应在行间开沟，每667平方米追施复合肥50千克或尿素、过磷酸钙各15～20千克，施后以土封沟，随即灌水；结球期是结球甘蓝叶球产品形成时期，此时根系生长达到最大量，外叶面积增大，球叶形成并长大、充实叶球。如果这时脱肥，直接影响结球紧实度和品质，造成减产。因此，结球期同样需要大量的肥料和水分，虽然充足的基肥和莲座期施用的肥料都可以供给在结球期的继续使用，但还需适当追肥2次，才能使结球甘蓝外叶大量制造养分和球叶积累养分而形成大的产品器官。特别是

多施有机肥，有利提高品质。进入结球初期每667平方米追施尿素20千克和钾肥5千克，并适当根外追肥2～3次。据陕西省蔬菜研究所试验，结球甘蓝结球初期连续用0.2%的磷酸二氢钾根外追肥3次，对促进包球和提高产量很有效。这是由于结球甘蓝的需肥规律所致，进入结球以后，氮、钾吸收比较多，而对钾的吸收超过了氮，对磷的吸收量虽有增加，但仍是比较少。钾有促进养分制造、运输和积累作用，可促进叶球充实。结球中期，拔除杂草和结合灌水每667平方米施人粪尿3 000千克左右，收获前20天停止追肥。

③ 采收贮藏　叶球充实后，北方地区10月下旬开始采收，陆续供应市场；冬贮在11月下旬～12月上旬采收。冬贮时带1～2片外叶采收，保护叶球，延长冬贮时间；但采收时应防止主根过长，以免贮藏时戳菜。

4. 覆盖栽培技术

结球甘蓝的覆盖栽培主要用于春季早熟品种提早栽培。多用在不利结球甘蓝生长发育的春季较寒冷季节，或无霜期短、年降水量较少的低温干旱地区，利用地膜和塑料薄膜拱棚覆盖，人为创造适宜结球甘蓝生长发育的小气候条件而进行栽培。覆盖形式近几年不断改进和增加，由地膜覆盖发展到小棚、中棚、大棚的栽培，北方偏北省份个别地方也采用温室栽培。结球甘蓝覆盖栽培较露地栽培要求更加严格和复杂的栽培技术。覆盖栽培时，必须根据结球甘蓝各个不同生长发育阶段对外界环境条件的要求，采取不同的覆盖形式。

春结球甘蓝覆盖栽培选择冬性强、耐寒的早熟品种，其栽培技术基本相同于春结球甘蓝露地栽培技术，只是定植时由于采用保温措施比露地定植早。一般地温达5℃，气温在

10℃～15℃时，即可覆盖定植。西北地区一般在2月下旬至3月中旬。覆盖栽培时中耕、追肥不太方便，定植前需深翻土地，施足基肥，定植后除加强肥水管理外，还需光照、通风管理。现就目前主要覆盖形式介绍如下。

（1）地膜覆盖栽培

① 高畦地膜覆盖　按100厘米畦距开沟，开沟后每667平方米施厩肥7 500千克和过磷酸钙50～100千克。一般畦高10～15厘米，过高影响灌水，不利横向渗透。畦面宽66厘米，沟宽34厘米。畦面中部略高，成拱形，有利排水、升温及压平、压紧薄膜。高畦栽3行结球甘蓝，行距33厘米，株距42厘米。定植前先将膜铺好，四周都要用土压严、压实，按定植株、行距在地膜上事先开好定植孔，也可以临时用刀片划开。定植时将定植孔下的土挖出后栽苗。幼苗放入孔后再将挖出的土覆回，将定植孔和周围的地膜要用土压严埋实。否则不易保墒、增温，易于杂草生长。畦沟不要盖薄膜，留作灌水、追肥用，灌水不要超过畦面（图3）。

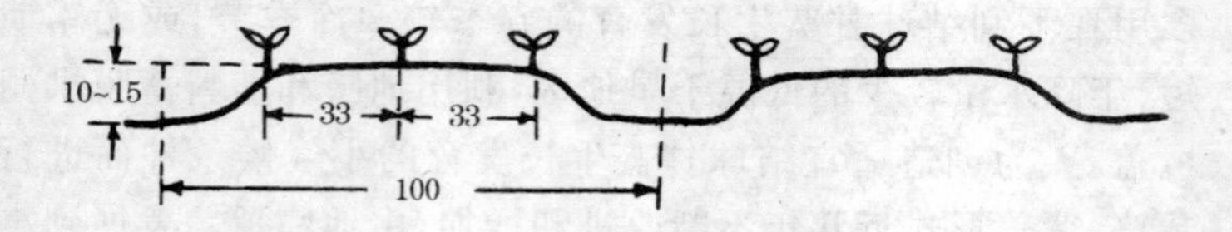

图3　高畦地膜覆盖　（单位：厘米）

② 平畦地膜覆盖　在原平畦栽培的基础上，将地膜裁成畦宽条幅覆盖在植株行间或按畦宽裁好地膜平铺在平整的畦面上。前者是先栽苗后铺膜，在结球甘蓝苗定植后，按幼苗位置将薄膜切成“＋”字，将幼苗从薄膜孔中掏出后再铺平地面；后者是先铺膜后栽苗，先将膜在畦面铺好后，定植前按行、株距先打好孔，定植时在打好孔处栽苗、覆土。每667平方米栽

早熟品种 4 500 株，中熟品种 3 300 株。平畦覆盖地膜在北方春季提早栽培中采用较多，栽培操作方便、简单，成本低，效益比露地明显高。其主要缺点是在畦面上漫灌，膜面存水挂泥，影响反光效果；在结合灌水、追施化肥时，必须使其从栽植沟处渗入土壤，一旦化肥过量则会发生障碍。灌水采用在畦面上漫灌或在畦口处把地膜撑开，使水从膜下流进。灌水后一定要把揭开的膜口再压严，以免被风吹破。

③ 平畦平盖地膜　利用沟顶或畦埂作为地膜的支撑点，然后平盖地膜。其平盖方向有两种，一种是横畦方向平盖地膜，即用整幅地膜横向穿过畦面，与畦面呈“十”字形；另一种是顺畦方向平盖地膜两边开沟后压实压紧，同时在垄沟处留灌水口。栽培方法，按宽 25～30 厘米和深 20 厘米开沟或按宽 130 厘米、畦埂高 25 厘米做平畦。西北地区于 3 月上、中旬把结球甘蓝幼苗定植在沟内或畦内，行距 43.3 厘米，株距 33 厘米。先栽幼苗，后盖地膜。当结球甘蓝发棵，外界气温升高后，要及时破膜通风，防止膜内空间小，植株生长点顶膜后烤苗。膜要压好，防止被风刮走(图 4-1，图 4-2)。

(2) 塑料拱棚覆盖栽培

拱棚栽培相对讲温度高，生长速度较快。每 667 平方米施腐熟厩肥 5 000 千克，磷钾肥 50 千克。整好畦后，小棚覆盖先栽苗后搭棚，中棚覆盖先搭棚后栽苗。定植时间依品种、天气而定。西北地区利用冬性强的中熟品种，选在 2 月中旬定植，行株距 44 厘米×44 厘米；早熟品种选在 3 月上旬定植，行距 33～44 厘米、株距 33 厘米。栽时呈梅花状栽植，栽苗多采取坐水定植。定植后一般 1 周内不通风，以利提高棚温。随后根据天气情况，晴天日出 1 小时后将棚两头揭开通风，先小后大，日落前 1 小时盖棚保温；阴天晚通风，通小风。冬性强的中

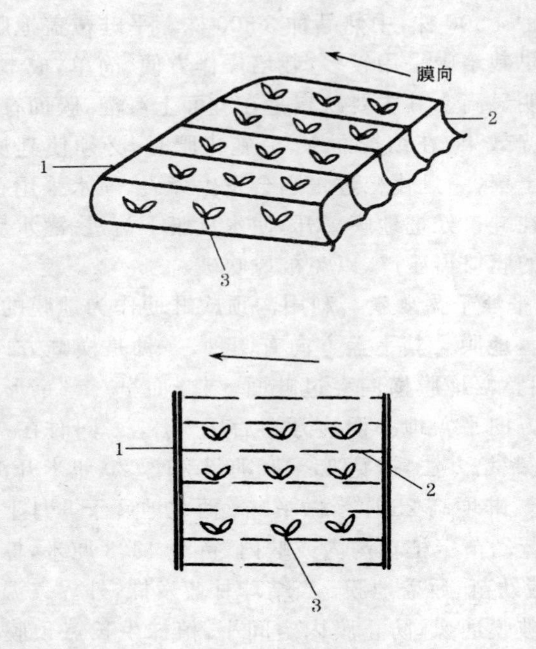

图 4-1 平畦横向平盖地膜

1. 畦埂 2. 地膜 3. 苗

熟品种，在 3 月中旬揭膜（膜可覆盖其他蔬菜）；早熟品种在 3 月下旬或 4 月上旬，外界最低气温恒定在 12℃以上时揭膜。

（3）塑料大棚栽培

塑料大棚栽培，操作容易，管理方便。前茬大棚作物收获后，清洁田块。在定植前 15～20 天扣棚烤地，促使地温回升。每 667 平方米施腐熟厩肥 5 000 千克，磷钾肥 50～100 千克，均匀撒施，翻入土中，耙耧整平。大棚内栽培有两种畦型，一种高畦覆盖地膜栽培（前已介绍）；一种不覆盖地膜，平畦栽培，

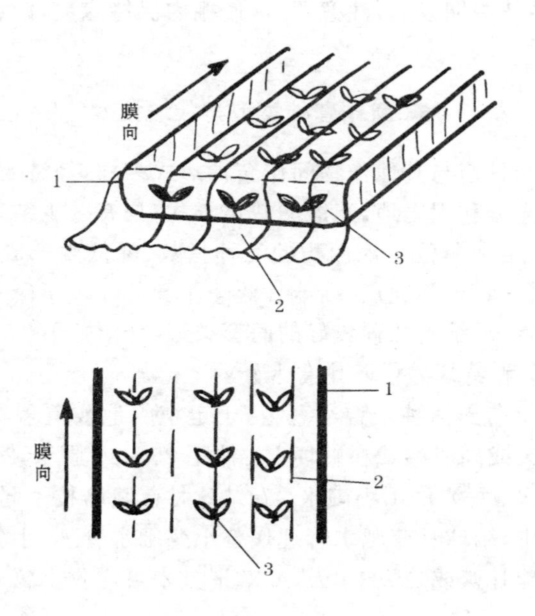

图 4-2　平畦纵向平盖地膜

1. 畦埂　2. 地膜　3. 苗

按不同形式做畦，一般畦宽 3～6 米。栽培选用早熟品种，育苗采用大棚育苗，定植时间早于中、小棚。西北地区定植一般在 2 月下旬至 3 月上旬，定植方法同春结球甘蓝地膜覆盖栽培和露地栽培。定植后管理关键是：结球前，保温促莲座叶生长；结球后，通风降温，确保叶球充实。一般定植后 7 天内不通风，促进缓苗。当白天温度超过 25℃时，通小风；进入莲座期后，外界温度逐渐升高，为防徒长，适当通大风，使白天温度不超过 25℃，夜间不低于 10℃；进入包球期，保持白天 20℃，夜间 12℃～15℃；选用尿素追肥，比露地多施 1～2 次，少灌 2 次水。在结球中期以后，注意通风，使棚内保持凉爽，以利结球紧实。

5. 间作套种类型与栽培技术

结球甘蓝与其他作物间作套种形式多样，经济效益高。它是一种充分利用土地、光能的栽培方式，具有减少结球甘蓝病虫危害、增加单位土地面积的复种指数、降低生产成本，提高产量、增加收入等优点。结球甘蓝间作套种经多年研究推广和实践摸索，总结出几种较好的间套类型，介绍如下。

（1）春结球甘蓝畦埂套小葱

上年白露播种培育小葱苗，于定植露地或覆盖春结球甘蓝前 1 天或同时移栽在畦埂上。株距 25～30 厘米，2～3 苗小葱栽 1 穴。每穴浇 1 小碗水。春结球甘蓝栽培技术同前，在田间管理中，结球甘蓝肥水管理代替小葱肥水管理，小葱采收时间同结球甘蓝或晚 2～3 天。667 平方米可增收小葱 125 千克左右。

（2）韭菜、洋葱畦埂套春结球甘蓝

在多年生越冬后的韭菜畦埂上或 9 月上旬播种育苗、冬前或翌年早春定植的洋葱畦畦埂上，按 30 厘米株距挖穴，每穴施 0.01 千克复合肥和少量尿素，3 月下旬坐水定植春结球甘蓝，5 月中旬收获结球甘蓝，每 667 平方米增收结球甘蓝 600 千克左右。

（3）地膜棉田套春结球甘蓝

深翻地后，3 月上中旬，按 130 厘米宽开沟整高畦，两边开浅沟，沟深 12～15 厘米，宽 40 厘米。每 667 平方米施基肥 7 500 千克厩肥，磷钾肥 50 千克。沟中套种春结球甘蓝，幼苗于 3 月中旬坐水套栽在沟中央，株距 30～35 厘米，同时用棉花的地膜当天膜做小拱棚直接覆盖在浅沟上。经1个多月的薄膜覆盖，4月中旬揭除天膜，做棉花地膜使用。春结球甘蓝定植初期宜少灌水，揭膜后合墒中耕，结球前、后各灌2次水，后期注意防虫。5月上旬收获结球甘蓝，每667平方米增收800千克左右。

（4）西瓜套种春结球甘蓝

选择结球甘蓝早熟品种12月下旬至翌年1月上旬阳畦播种育苗，3月下旬定植在已整好的、计划种植西瓜地的空垄上，5月下旬采收上市。西瓜3月下旬育苗，4月中旬定植或4月上旬直播种植。

西瓜套种春结球甘蓝，两者共生期间西瓜营养体尚小，春结球甘蓝与西瓜之间互不影响通风、透光和正常生长发育。结球甘蓝根系分布范围较小，互不争夺养分。间种后每667平方米可增收结球甘蓝1 500～2 000千克。

（5）秋冬结球甘蓝间种玉米

玉米5月下旬至6月上旬种植，行距9米，株距19.8厘米，中间空地种植秋冬结球甘蓝。秋冬甘蓝于6月中下旬育苗，7月中旬定植，行距60～66厘米，株距53～60厘米。结球甘蓝栽培技术同秋冬结球甘蓝。

（六）结球甘蓝留种

结球甘蓝的种子繁殖可分为杂种一代种子的制种和杂种一代亲本（自交系）及常规品种的种子繁殖。国内结球甘蓝栽培中90%以上应用杂种一代种子。结球甘蓝自交系及常规品种留种方法，在北方地区基本有以下3种方法，春播留种法（春老根留种、腋芽扦插繁殖留种）；秋播留种法（秋成株留种，秋半成株留种)；叶芽留种法；结球甘蓝杂种一代种子采用一代杂种制种法。

1. 自交系和常规品种种子生产繁殖

（1）春播留种

早熟自交系、品种和秋播春栽中熟自交系、品种在春结球甘蓝栽培中选留种株，到叶球成熟收割后，将所选留的种株重新栽培或利用种株发出的腋芽扦插栽培，使其在夏、秋季二次结球，经过冬贮，翌年再栽出留种。此法最大的优点是能够在春季自然气候栽培条件下，检验种株的特性、纯度，淘汰未熟抽薹、结球不紧实的劣株和杂株，选留适合春季栽培品种特性的优良种株。缺点是种株生长时间长，要经过一年半才能采到种子，成本大，费工。留种中最好用此法选留原种，再用秋播法繁殖生产种。

① *春老根留种*　春结球甘蓝自交系和常规品种春季栽培成熟很早，距冬初的入窖贮存期尚有半年多时间，收获后无法使结球种株安全度过高温夏季和秋季直到初冬入窖或移植阳畦。若秋播采种，虽不存在上述问题，但却无法在春季的正常栽培季节内，针对其适宜春季栽培的目标选择。一代接一代的秋播采种必然导致种性退化，而选用春老根留种法，可以解决这些问题。

在春结球甘蓝栽培田或亲本圃中，选出符合自交系或品种特征特性、生长正常、无病虫害、结球性好、未发生“未熟抽薹”现象的优良植株，插好标记。当叶球成熟后切去叶球，选择中心柱短，节间紧密，且无孕蕾的种株，然后将带莲座叶的老根集中移栽到另备的田块或原地不动而继续培育生长。腋芽萌发后，选留健壮芽，到秋季由种株腋芽重新长成小叶球。越冬前再选株窖藏或阳畦过冬，或露地越冬。在越冬种株基部培土，促使生根，在冬季完成春化阶段。第二年春暖移出窖、阳畦，或于露地直接抽薹、开花、结籽。在种株营养生长期为避免遭雨、高温而腐烂，盛夏季节需遮荫防雨，并用防菌药物涂抹切口。当腋芽长出3～4片真叶时，开始中耕、追肥、除去过多侧芽，选留3～4个健壮侧芽培养小叶球。此法的缺点是种株栽培周期长、要求技术高、费工。种株经历高温、雨季栽培，容易发生病害，成活率低。但此法对保持自交系或常规品种的某些优良性状却有特殊作用。

② *腋芽扦插繁殖留种*　春结球甘蓝自交系和常规品种春季栽培成球后，切除叶球，保留莲座叶，促使莲座叶腋芽萌发，而后利用腋芽扦插留种。

种株选择：当叶球进入商品成熟期，依照自交系或常规品种的标准性状和生长表现进行田间种株选择。凡符合自交系或常规品种遗传特征特性(如抗寒性、早熟性、冬性、丰产性及叶球形状等)，无病虫害、外叶少、外茎和中心柱短、叶球紧实、不易裂球的植株皆可作为种株。

腋芽培育与扦插：选留种株后，比正常收获期晚2～3天收割叶球，以鉴定裂球性，但不能收割太晚，否则，影响侧芽萌发。留下莲座叶和根继续在田间生长。为预防切口被细菌侵染腐烂，在切去叶球的同时涂抹农用链霉素、硫黄粉防腐或切球后用硬泥团捏成半球体覆于切面上防腐。当腋芽萌发长出4～6片叶时，选其中健壮者，并带部分母株茎部皮层切下扦插。扦插苗床上设荫障，床土灌足底水，使水分达饱和。为了促进生根，可将插芽的下部先在20～40毫克/升的吲哚乙酸(IAA)或40～80毫克/升的吲哚丁酸(IBA)溶液中浸16小时，或用高浓度的萘乙酸(NAA)或吲哚丁酸(IBA)1 000～

2 000 毫克/升进行快速蘸浸扦插，但注意药液只浸切口，不要浸到芽上，否则会抑制发芽。床土可用砻糠灰与沙的混合物，也可用湿沙和用药剂处理过的土壤做成。扦插距离 20～25 厘米×20～25 厘米，扦插深度以不埋没腋芽为度。

芽床管理　腋芽扦插后，成活的关键是要保持 85%～95%的湿度和 20℃～25℃的温度。降温、遮荫障早盖晚揭，晴天每隔 1～2 天洒 1 次水，始终保持畦土湿润，但忌积水。等芽生根后去掉遮荫物，随后注意中耕、追肥，促其在芽床结球。当腋芽在芽床扦插 30 天后，腋芽基部即可发出新根；当幼苗长出 7～8 片真叶时便可按行距 40 厘米、株距 30 厘米定植露地，至立冬前形成紧实的叶球，收获后冬贮，翌年春暖便可定植留种田留种。

春结球甘蓝如果为了再扩大良种，可进行二次扦插。第一次扦插成活后，待插芽长到 9～10 片真叶时，摘掉顶叶促其再生腋芽，保留其中 4～5 个侧芽，待新生腋芽长到 3～4 片真叶时再扦插，促其结球、冬贮，第二年春暖定植留种田留种。腋芽扦插繁殖主要用于留种春结球甘蓝的自交系或常规品种，以选育不易未熟抽薹、具抗裂球等特性的优种和防止自交系退化，此法比用春老根留种法成活率高，单株繁殖系数大，但费工、费时，成本高。为了降低扦插留种成本，春结球甘蓝所需杂种一代亲本自交系或常规品种的生产种可秋播留种。每年春季将腋芽扦插留种法繁殖的原种种子分成两份，一份秋播用小株留种法繁殖一代杂种制种所用亲本自交系和常规品种生产种；另一份按春季正常栽培，先培养出结球母株，经株选再用腋芽扦插留种法繁殖出原种种子（图 5）。

（2）秋播留种

结球甘蓝自交系或常规品种在秋季栽培后，立冬前后使

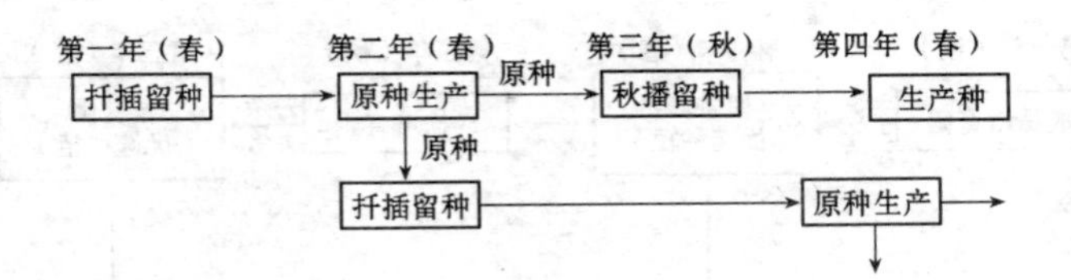

图 5　春结球甘蓝自交系和常规品种腋芽扦插留种程序

叶球营养生长达到一定营养体，这时选留种株，冬贮或露地越冬，而通过春化阶段，翌年春暖抽薹、开花、结籽。在秋季栽培中又因播种期不同分为以下几种留种法：秋成株留种法（大母株留种）、秋半成株留种法。其共同优点是：留种栽培周期较短，管理容易，是结球甘蓝自交系和常规品种种性选择、保纯的好方法。

①　秋成株留种（大母株留种）　结球甘蓝自交系或常规品种在立冬结出成熟叶球，选出种株后将种株连根拔起，假植在阳畦或窖中，翌年春暖定植露地留种。此法根据结球甘蓝是否带球又分为带球留种和割球留种。带球留种以包好叶球的植株露地越冬或连根拔起，假植在阳畦或窖内，翌年春留种；割球留种是种株在收获时，将叶球割下只留莲座叶和根，露地越冬或假植在阳畦或窖内，以后从叶腋间重新萌发腋芽，翌年春留种。前者不伤主花茎，花期早，能采收到质量高的种子；后者切去主花茎后，侧枝同时开花，种子成熟期短而比较一致。两者共同特点是：采收的种子种性纯，质量高，能够防止种性退化（图 6）。

播种期：结球甘蓝中、晚熟自交系或常规品种在秋冬栽培的适宜播期播种，立冬采收前，在生产田或亲本圃选留种株，翌年春留种；早熟自交系或常规品种播种期相对较晚，以在冬贮时结成叶球，但不裂球为原则，立冬选留种株，翌年春

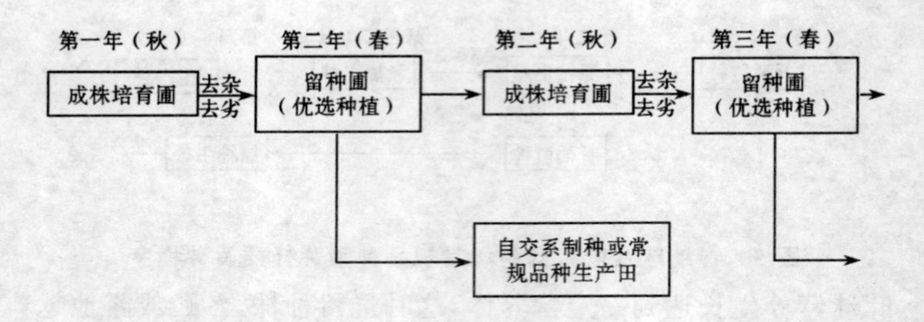

图 6　结球甘蓝自交系和常规品种秋成株留种程序

留种。早熟自交系或常规品种不能播种过早，否则因生育期过长而促成叶球炸裂，不利冬贮；晚熟自交系或常规品种不宜播种过晚，否则寒冻来临之前，叶球尚未成熟而不利种株选择。西北地区适宜播期一般早熟品种于 8 月中旬，中熟品种于 7 月中旬，晚熟品种于 6 月中下旬平畦育苗，苗龄生长 30 天左右，幼苗长出 6～7 片真叶时定植，立冬前均可形成良好的叶球。

株选：用于原种、生产用种的采种母株，株选时均需经过 4 次选择淘汰。分别在定植期、叶球成熟期、冬贮和抽薹期进行。根据自交系或常规品种的标准性状，选择健壮、无病虫害、园艺性状优良、不裂球、冬性强的种株。株选田块要尽量大些，这样比较容易选出最优良的种株。选择优良种株的数量，一般认为用于授粉采种的植株要在 50 株以上，种株过少也会像近亲繁殖那样，对后代产生不良影响。

种株过冬：结球种株安全过冬主要采用菜窖贮存和阳畦假植两种方法。

窖藏过冬　在立冬前，北方寒冷地区把入选的种株连根带土拔起，打掉外叶，保留叶球，进行轻微晾晒，使球面保持干燥；割球法切除叶球，保留外叶，需短期晾晒。晾晒期间，白天摊开晾晒，夜间把根茎朝里，叶球朝外码成堆，上面覆盖草苫防寒。种株适当晾晒后，入窖冬贮。窖内可码成条形垛，根朝内，叶球朝外；也可假植窖中。西北和华中地区，多采用立冬后，将种株连根拔起，去掉外叶，直接假植阳畦或窖中；沿长江以北气候较温暖的地区也可直接定植在留种田内露地越冬。种株入窖后，随时淘汰结球甘蓝中心柱生长较快，裂球、病害较重、腐烂的种株。贮藏种株最适温度0℃～1℃，在贮藏前期应注意保温，后期应注意防风，严防窖温上升。在定植前7～10天，进行种株锻炼。

阳畦假植过冬　冬前收获时，将入选的种株带根挖出。连同外叶一起紧实地假植在阳畦之中，土壤干燥时灌透1次水，直到定植前再灌第二次水，整个假植期内不再灌水。气温降到0℃时盖草帘保温，0℃以上揭帘不盖，尽量见光，使畦温保持在1℃～4℃之间，可安全过冬。

种株处理：定植前1～2周进行种株处理。对结球甘蓝较大种株，用留中心柱的方法，切去叶球外部，沿中心柱周围垂直切成6～9厘米见方的柱形；对叶球较小的种株，用切"十"字的方法，用刀在叶球顶部切十字形，深度约为球高的1/3，切口必须在中心柱生长点上面，千万不要切伤主花薹。种株主花序花蕾出现后，可及时摘心，促使侧枝茁壮发育，以提高产籽量。

种株定植：春季土壤解冻后，10厘米深度土温达6℃～7℃时便可定植。行距45～65厘米，株距30～50厘米，沟栽或穴栽，施足底肥，栽后要把根部周围的覆土踩紧，以免土壤漏风，影响新根萌发和生长；晴天温度高时灌水，此后至显蕾前尽量不灌水；通过多次中耕达到保墒、提高地温、促进根系发育、控制花薹徒长的目的。种株生长要求磷、钾肥较多，在施基肥时结合施入磷、钾肥，每 667 平方米施过磷酸钙 25～30 千克，草木灰 30～50 千克，或每 667 平方米施复合肥 20～25 千克。

田间管理：主花薹开始生长时，若发现结球甘蓝主花薹憋在叶球里出不来，要及时补切十字，使主花薹得以正常生长，并去除叶球残叶。当种株显蕾时，可根据土壤水分情况灌 1 次“催花”小水，每 667 平方米追施氮磷钾复合肥 20 千克，并及时中耕，以利保墒，提高地温。以后根据雨水多少和土壤墒情确定灌水量和次数。正常情况下需每隔 7 天左右灌 1 次水，直到盛花期过后才能减少灌水量或停止灌水。否则，会因花期缺水少肥，造成减产。种株抽薹后，及时喷药防虫；在花期打药可加 10 毫克/升的硼酸水溶液以促进受精作用，提高种子产量。种株进入始花期，要加强肥水管理，结合灌水再追 1 次复合肥。开花期要保持土壤湿润，开花后应在植株四周插杆搭架，防止花枝被风吹断。对于割球留种植株应特别注意。因无主花茎，侧花枝开展度较大，随着植株衰老，髓部逐渐变空，容易造成枝条折损。对于花枝发生过多植株，可将后发的瘦弱侧枝剪去以利透光和节约养分。留种田需保证有一定蜂源和 2 000 米以上空间隔离区，对于常规品种昆虫可自由传粉，对于亲本自交不亲和系从始花起每隔 3 天利用 5%食盐水喷 1 次花让昆虫自由传粉。开花后期应将花序上部的尾花摘去，并不宜灌水，防止植株“贪青”，使养分集中到花序下部的角果中去，这样可以提高种子的产量，并使种子成熟一致。

种子采收：种子成熟后，角果很容易沿腹缝线开裂。在种株角果开始变黄褐色时，选择晴天露水未干前及时收割、堆放促其后熟；后熟 3～5 天再脱粒。脱粒的种子应及时晒干，然后装袋贮藏，晒种时防止水泥地面烤种而降低发芽率。

② 秋半成株留种　即结球甘蓝的自交系或常规品种在

越冬前形成松散叶球或完成莲座期，而直接留种的方法。留种株播种期一般比正常播期晚15～40天，播种后待苗长出6～7片真叶时定植。此法由于结球甘蓝种株未完成或不经过结球阶段，不能充分表现品种的特性，不能做到严格选择种株，连续多代用半成株留种，将会造成种性退化。但其播种晚，种株病害少，春暖返青后植株生长旺盛，籽粒饱满，种子产量高，留种成本低，占地时间短。留种技术基本同成株留种。

秋半成株留种只要选用纯度高的成株原种做半成株种株培养的种子，1～2代种性不会改变，但需与成株留种交替进行(图7)。

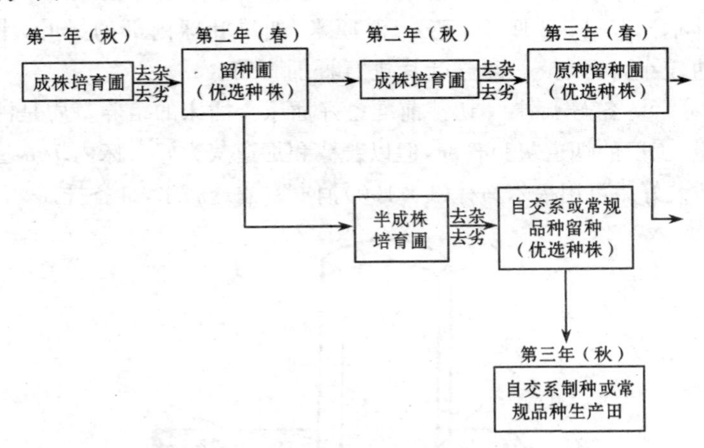

图7　结球甘蓝自交系和常规品种半成株留种程序

(3) 叶芽留种

把结球甘蓝即将成球或基本成球的球叶，一片一片地带芽切下来，进行繁殖留种。多用于夏结球甘蓝，也可用于春、秋冬结球甘蓝。它是一种比较新型的方法，优点很多：第一，具有成球留种选择种性、保留自交系或常规品种纯度的优点；第二，可以节约很多叶球，又能扩大繁殖系数，1 株可变成 30～40 株；第三，可以选择综合性状最优株和无病株留种，从而提高选择质量并对常规品种提纯复壮；第四，可以对自交系进行无性繁殖与保留。

① **株选** 基本与成株留种选株方法相同，但由于入选株数较少，所以选择标准要求更高。

② **切球削叶** 首先除去叶球外层老叶，然后将叶球均衡的十字纵行切开，再用锋利的小刀片把叶球叶片从外层到内层一叶一叶带芽切下。将带有叶片或中肋、一个腋芽(侧芽)和部分茎的组织，经过修整除腋芽外仅留一个长方形的中肋(或叶柄)，长 4～6 厘米，宽 2～3 厘米，如果叶球内部的嫩叶、中肋较小，可以带一部分叶片进行扦插育苗。

③ **备好插床** 切芽前准备好插床。插床的培养基质是沙土、工厂的烟道灰和砻糠，但以砻糠和烟道灰为好。床内培养基质装好后可用福尔马林(1∶100)消毒。灌透底水，准备扦插。

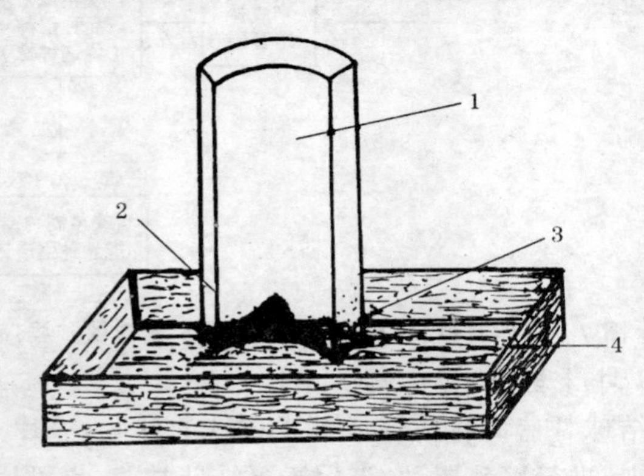

图 8 叶芽扦插蘸药示意图

1. 中肋 2. 腋芽 3. 茎组织 4. 生长素溶液

④ 蘸药扦插　将修整好的叶片基部用1 000～2 000毫克/升的萘乙酸(NAA)或吲哚丁酸(IBA)液蘸一下(注意药液不要蘸到芽上面),蘸后马上拿出(图8),插到床里,深度以不埋没腋芽为度,并覆盖遮荫。

⑤ 移栽　扦插6～7天后,在茎底面切口的边缘发生愈伤组织,12～15天后开始生根,20～30天后,可以发生许多须根。在生根的同时也发芽,等长到5片叶时移入种株培养田并在冬前窖藏,翌年春暖后移栽到留种田留种。

2. 一代杂种制种

(1) 自交不亲和系原种生产

结球甘蓝自交不亲和系的原种种子,主要用蕾期人工授粉的方法生产;也可用前面介绍的成株留种法中隔离区花期喷盐水自然授粉的方法生产繁殖。在此主要介绍前一种方法。

① 蕾期授粉生产自交不亲和系原种

种株培育:蕾期人工授粉的种株必须是成株和半成株。成株结球过于紧实的种株,翌年春暖抽薹困难,使开花期明显推迟,不利于授粉,有的甚至在冬前收获时就已裂球,不能贮存过冬。所以成株叶球包而不紧是种株培育的基本目标。

适期晚播　结球甘蓝自交不亲和系生活力弱,抗逆性差,而播种时天气炎热,在适宜的播期范围内适当晚播,既缓和了生活力与环境条件间的矛盾,又缩短了生育期,利于种株培育目标的实现。北方地区结球甘蓝成株播期,以中、晚熟品种为亲本的自交不亲和系,可在6月下旬至7月下旬播种育苗;以早熟品种为亲本的自交不亲和系,可在8月中旬播种育苗;结球甘蓝半成株播期比成株播期相应都推后15～30天。

精细育苗　育苗防止烈日曝晒或暴雨冲刷幼苗,播种后及分苗后要搭小棚，用芦苇帘等物遮荫挡雨。幼苗长出3～4片真叶时分苗，株行距7厘米×7厘米，7～8片真叶时定植大田。

严格选择　按照自交不亲和系的典型特征和标准性状，分别在苗期、莲座期和结球期严格去杂去劣，是保持自交不亲和系优良种性，提高种子纯度的根本方法，在原种生产中一定要认真做好。另外，还要每隔1～2年进行1次花期自交亲和指数检验，淘汰亲和指数不符合国家标准（亲和指数≤1）的株系。

种株越冬　种株越冬有两种可供选择的方式，即阳畦假植越冬和菜窖贮藏越冬。自交不亲和系11月中下旬收获时，带大土坨假植在阳畦内或菜窖越冬，管理措施同秋成株留种。白天尽量见光，夜间在薄膜上加盖草帘防寒，使阳畦和窖内温度不低于0℃。

种株定植及管理：用蕾期人工授粉的方法生产结球甘蓝自交不亲和系原种，通常可把结球种株直接定植在日光温室中进行授粉，或窖藏后翌年春暖时移栽在留种田的隔离网棚留种。

日光温室定植　对冬性较弱、容易接受低温通过春化的自交不亲和系，秋冬叶球成熟后直接定植日光温室留种。日光温室内温度较高，为种株提早定植、提早抽薹开花、提早开始蕾期人工授粉提供了有利条件。能否成功的关键，一是定植时种株必须通过春化阶段。二是定植后温度调控不可过高，否则会因春化的部分解除导致营养生长逆转；同时因地上部与地下部生长的严重失调，导致开花种株的大量死亡。为便于授粉操作，通常采用宽窄行定植，宽行行距90～100厘米，窄行行距35～40厘米，株距33厘米。定植后少灌水，多中耕，提高地温，促进根系发育。日光温室的温度调控指标是：2月份，平均温度13℃，最低温平均6℃，最高温平均20℃；3月份，平均温度15℃，最低温平均7℃，最高温平均22℃；4月份随外界温度的不断提高，可逐渐用纱网替换薄膜，既可降低温度，又可防止昆虫传粉。日光温室内水肥管理、种株管理等，可按前述露地成株采种田的技术管理。

隔离网棚定植　对冬性较强、不易通过春化阶段的自交不亲和系，经过假植越冬完全通过春化阶段后，于翌年春暖时移栽至防昆虫的纱网棚内，其方法同秋成株留种。

蕾期人工授粉：结球甘蓝自交不亲和系具备的特性是具有高度的花期系内株间交配和自交不亲和性。花期授粉不结籽，蕾期授粉有较高的亲和指数，蕾期授粉结籽。因而授粉选择适合的蕾龄和花龄是获得种子的关键。

选适龄花蕾授粉　结球甘蓝花的柱头比雄蕊先成熟，幼小花蕾的柱头已有接受花粉的能力。自交不亲和系从开花前1天的大蕾到开花前6～7天的小蕾，都有受精结籽的能力。以开花前2～4天的花蕾授粉后结籽最多，是蕾期人工授粉的最佳蕾龄。结球甘蓝每一花序上的花是从下向上陆续开放的，每一花枝上同一天内开放3～4朵花(气温高时可达5～6朵)。所以开花前2～4天的花蕾，大体就是从花序最上一朵花向下数第5～20个花蕾。结球甘蓝花序内花数较多，一般30～40朵，多的可达60～70朵。在自交不亲和系蕾期授粉时，通常只从每个花序中选20～30个适龄花蕾授粉，其余的一律摘除。

用适龄花粉授粉　花粉日龄不同，授粉后的结籽数也不相同。研究表明，开花1天以后花粉的发芽力即有明显降低，一般生活力不能保持到开花后4天。用开花第一至第二天的花粉授粉，结籽最多；用开花后第三至第四天的花粉授粉，结籽数量显著降低。因而蕾期授粉时最好使用开花当天的新鲜花粉，花粉不足时，也可用开花第二天的花粉，其余花粉不能使用。

在隔离条件下混合花粉授粉　结球甘蓝是典型的异花授粉作物，若自交不亲和系长期自交繁殖，必然导致生活力的严重衰退。为减缓退化速度和程度，蕾期人工授粉时应用本系统的混合花粉授粉，尽量避免单株自交。种株进入始花期之前，要将不同的自交不亲和系隔离开来，防止花期天然杂交。日光温室随着外界气温升高可用 30 目纱网替换薄膜，既能防止媒介昆虫传粉，又能防止室内温度过高影响结籽。此外，在授粉过程中，如果选用隔离人工授粉而且自交不亲和系品种较多时要注意防止人为的花粉污染。更换授粉株系时，要在距授粉场所稍远的地方，将工作服粘带的花粉拍打干净，并用 70% 的酒精擦洗手和授粉用具，杀死残留的花粉。授粉时先用镊子将开花前 2～4 天的花蕾拨开，露出柱头，然后用蜂棒或粉刷或其他授粉工具，蘸取本系统混合花粉，轻轻地涂抹在柱头上。整个授粉过程要认真仔细，不要拉断花枝、扭伤花柄、碰伤柱头。

种子收获：结球甘蓝授粉后 50～60 天种子完全成熟。完全成熟的种子不但采种当年发芽率高，而且在干燥器内贮存 3～4 年，其发芽率仍保持在 80%～90%；在低温冰箱内贮存时间会更长。授粉后 50 天以内收获的种子，发芽率不高，一过翌年夏季又迅速降低，常常只有 10%～30%，丧失了种用价值。因之结球甘蓝必须在种角变黄、种粒变褐即完全成熟之后才能收获。但结球甘蓝花期长，同一品种的不同植株之间，特别是同一植株的不同花枝之间，种子成熟期差异十分悬殊，若整个田块一次收割完毕，必因种粒之间成熟度参差不齐而使整体发芽率降低，同时还因最先成熟的角果裂角落粒而使产量降低，若以花枝为单位分次收获，则不会出现上述问题。种株收获后要在晒场上充分晾晒，同时防止水泥晒场烤死种子；严防因堆沤发热和雨淋引起种角霉变。种角枯黄后脱粒，种子清选后充分晾晒，含水量低于8%时，放入干燥器贮存。

② 自交不亲和系花期自交亲和指数检验　自交不亲和系在多代繁殖过程中，与其他性状一样，自交不亲和性也会发生变化。因而每繁殖2～3代，就需进行1次亲和指数检验。检验方法步骤如下：

选枝套袋：先从一个自交不亲和系群体中，随机抽取10个以上植株作为被检验株，再从每个被检植株主花茎中部选取2个健壮的一级分枝，一枝为采粉枝，一枝作授粉枝。再从每枝顶部的总状花序中选发育良好的中下部花蕾30～40个，掐去其余花蕾及已开放花朵后套袋、挂牌。

混合授粉：从套袋次日早晨起，由各采粉枝上摘取数目相等的刚开放花朵，取出全部花药，稍许干燥后充分搅拌成混合花粉，分别给各授粉枝上刚刚开放的花朵授粉（不必去雄），开花授粉后立即套袋，防止花粉污染。每天如此，直到授粉枝上的全部花蕾开放授粉为止。

计算亲和指数：亲和指数＝花期人工授粉结籽数/花期人工授粉总花数。种角挂黄后，混合收回各被检株上人工授粉的角果，统计授粉的总花朵数和结籽的总粒数，计算出该自交不亲和系的花期亲和指数。若亲和指数小于1，则该自交不亲和系符合国家现行标准，可以继续使用，若亲和指数大于1，则应淘汰此自交不亲和系，由育种单位重新引进原种使用；也可在一个自交不亲和单株的蕾期自交后代中，用全轮配法选优提纯，获得自交不亲和基因型纯合的单株，然后繁殖成自交不亲和系。现举例说明：结球甘蓝单株选花枝花期人工授粉的花数以30～60朵为宜。如果某自交不亲和系的亲和指数为1，选择测定的10株的平均单株花期套袋人工授粉自交35朵花，结籽35粒。而正常异花授粉的情况下，结球甘蓝单花结籽为20粒左右，35朵花应当结700粒种子；现在花期人工自交只结35粒种子，仅相当于正常结籽的5%。这就是说，如果在开放授粉，暂不考虑选择受精的情况下，亲和指数为1的这一结球甘蓝植株，自交结实的机会只有5%，从而可使异交结实保证在95%。

（2）一代杂种种子生产

结球甘蓝是雌雄同花的异花授粉作物，要生产出高纯度的一代杂种种子，除了严格进行父母本组成的杂交系统与外部易串花的甘蓝类作物隔离防止假杂种外，使用选育出高纯度的、基因型纯合的亲本自交不亲和系是获得高质量杂种种子的关键。虽然利用雄性不育系也可获得杂交种，国内外科学家在此方面研究也取得重大进展，但要真正使用还需进一步研究。结球甘蓝一代杂种制种当前主要有两种方法，一是利用两个自交不亲和系制种；二是利用自交不亲和系与高代自交系制种。

①一代杂种种子生产的基本方式　结球甘蓝一代杂种种子生产在北方地区有两种方式。一种是在冬季温度较低、结球甘蓝不易露地越冬的地区，多采用阳畦等保护设施生产，但要求设施能够使一代杂种双亲保证通过春化阶段。对于双亲花期不遇的制种也能利用保护地内不同位置小气候显著差异的特点，人为地调节双亲的始花期，使双亲始花期相遇，提高种子的质量和产量。保护设施下生产种子投资大，技术含量高。另一种在冬季温度较高、结球甘蓝可以露地越冬的地区，

采用露地生产一代杂种种子，不要任何保护设施，对于双亲花期不遇主要通过播期、摘心等办法调节，成本低、省工、技术简单，但遇特殊寒冷年份容易冻死双亲。

②几种双亲配组方式　利用自交不亲和系配制单交种通常有两种配组方式：自交不亲和系×自交亲和系；自交不亲和系×自交不亲和系。

两种相比，“自交不亲和系×自交亲和系”的优点是只需要选育一种基因型的自交不亲和系，而可以有大量的亲和系可供选择作为父本系，从而整个育种过程较为简单，较易育成优良组合。缺点是从亲和系植株上收获的种子可用杂种率较低，往往不能用于生产种植。“自交不亲和系×自交不亲和系”的优、缺点则相反，需要选育两种不同基因型的自交不亲和系才能保证系间交配亲和，从而使经济性状和配合力的选配受到很大限制。因为对于一个纯等位基因（S_XS_X）自交不亲和系来讲，只能在其他非纯合等位基因（非S_XS_X）的不亲和系中去选择配偶。这种制种为了获得优良杂交组合需要育成许多自交不亲和系，因而选育较为费事。但制种所得正反交种子的杂种率都较高，正反杂种都可用于生产。

③杂交制种

播种定植期：北方地区露地采种亲本播种适宜期是：早熟品种8月下旬至9月上旬平畦育苗，9月下旬至10月上旬定植，定植行距44～50厘米，株距33厘米；中熟和晚熟品种8月中旬平畦育苗，9月中下旬定植，定植行距50～60厘米，株距43厘米。北方地区保护地（阳畦）播种和定植期相对露地早7～10天。

确定双亲配比：双亲配比，就是制种时父、母本各占多大比例，父、母本各以几行相间排列的意思。具体配比要视单交种配组方式和双亲生活力的强弱、结实性的好坏、提供花粉量的多少以及正反交的优势表现而定。“自交不亲和系×自交不亲和系”正反交后代的经济性状和配合力相似，种子混收使用，则采取1∶1或2∶2配植法。如果正交比反交好，并只用正交，还要考虑父本的长势和提供花粉量的多少。若父本长势好，花粉量供应充足，采取1∶3～4配植法；若父本长势不比母本强，花粉量不比母本多，采取1∶2配植法；若父本长势比母本弱或花粉比母本少，采取1∶1配植法，这样组合是不太理想的，因为单位面积制种量太低，成本太高。除考虑父本单株花粉量外，还可采取增加父本密度来增加花粉量。“自交不亲和系×自交亲和系”其配植原则是应在保证母本授粉所需花粉量的前提下，尽可能减少父本比例。若父本长势与母本相同或稍强，花粉量供应充足，采取1∶1～3配植法；若父本长势弱于母本，花粉量又较少，采取1∶1配植法。在选配组合时，尽量少选这种父本，因为单位面积制种量太低，成本太高。

亲本的培育：健壮的亲本是获得杂种种子高产的前提。特别是自交不亲和系都是超高代的自交系，所以生活力较弱，抗逆性较差，在正常培育下，还应给予特殊的肥水管理。露地采种种株入冬前可进行冬灌、培土、冬苫（草木灰或麦糠），确保安全过冬，并防鼠、兔破坏种株。保护地（阳畦）采种，当气温降至0℃时，及时收获露地种株，假植阳畦过冬。春暖种株抽薹后，注意防虫防病，搭架防倒伏；当较短亲本花期结束后，及时剪除另一较长花期亲本正在开的花和尚未开放的花蕾。

亲本去杂去劣：当幼苗长出6～7片真叶定植前，认真进行选苗，要严格选留具有父母本特性的幼苗，拔除杂苗、弱苗、病虫害苗，凡生长特别健壮的幼苗，多为杂种，也应淘汰。当亲本定植后进入莲座后期及越冬前和抽薹显蕾期再分别进行两次株选，发现有变异植株、病株须拔除，以免混杂。

调节双亲花期不遇：所谓双亲花期不遇，就是父、母本的花期有早有晚，不能同期开花。调节的方法有如下几种：

以播期调节花期　早花亲本晚播，晚花亲本早播。一般早播2～3天，花期可提早约1天，但品种间有差异，应通过预先观察，研究确定播期。也有少数品种在一定株龄范围内，表现早播晚花和晚播早花，这需要详细了解特殊性后加以解决。

以种株栽培形式调节花期　如早花亲本实行露地栽培，晚花亲本采取保护地栽培（阳畦、薄膜覆盖等）或利用阳畦的不同位置温度差异调节花期。

以摘心整枝调节花期　早花亲本抽薹现蕾期摘心，摘心程度由花期不遇情况而定，不遇期越长，摘心越重。如花期相差3～5天，仅通过摘心即可解决；若花期相差6～15天，除摘除主花序外，还需对主茎上部的一次分枝进行摘心。

以激素调节花期　冬性强的晚花亲本可用200～500毫克/升的赤霉素（GA）液，在种株越冬前将药喷到生长点，每隔2～4天喷1次，共喷3～4次，春暖时可提前开花。早花亲本可用3000～6000毫克/升的B_9（又名阿拉）溶液，于越冬前和春季抽薹前喷洒，春暖时可推后开花。

以肥水管理调节花期　对晚花亲本通过增施磷、钾肥和控制灌水促进开花，对早花亲本采取增施氮肥和加强灌水措施延迟开花。

若双亲花期是母长父短，除采取上述办法调节早晚外，还需将父本分期播种，拉长花期，使父、母本花期完全相遇。

（七）结球甘蓝主要病虫害及其防治

1. 苗期病害种类与表现

（1）猝倒病

①症　状　病苗主要表现为茎基部呈现水渍状病斑，接着病部变浅黄褐色、像热水烫伤状，很快转为黄褐色而缢缩。病势迅速发展，在子叶尚未呈现萎蔫仍保持绿色时，幼苗便已倒伏死亡；有时幼苗尚未出土，胚茎和子叶已普遍腐坏。病害开始时只有个别幼苗发病，几天后，即以此为中心向外蔓延扩展，最后引起成片幼苗猝倒。当苗床高温多湿时，病苗基部可出现一些白色棉絮状菌丝。一般在幼苗子叶期或第一片真叶尚未完全展开前较易发病。

②兼害蔬菜　甘蓝类、白菜类、瓜类、茄果类等多种蔬菜幼苗。

③发生规律　由腐霉菌侵染所致。该病菌以卵孢子或菌丝体在遗落土中的病残组织内越冬，也能在土壤腐殖质上营腐生生活。当条件适宜时，卵孢子或孢子囊萌发产生游动孢子或直接长出芽管侵害寄主幼苗，引起猝倒。它可借雨水或流水、农具转移以及施用带菌堆肥等传播和蔓延。

④发病条件　土壤和空气湿度较高，光照不足，老菜田、旧苗床易发病。

（2）立枯病

①症　状　染病幼苗茎基部产生暗褐色的病斑，初始时病苗在白天叶片垂萎，傍晚和清晨仍可恢复。当病斑继续扩展至环绕整个幼苗茎基部时，幼茎逐渐收缩，地上部的茎叶最后

便萎蔫枯死，病苗仍直立而不倒伏。如拔出病苗，有时亦可见茎基部病斑处有淡褐色、蛛丝网状的菌丝，与猝倒病有明显的区别。以幼苗的中后期发生较多。

② 兼害蔬菜　甘蓝类、白菜类、萝卜、瓜类、茄果类、豆类、莴苣等幼苗。

③ 发生规律　由立枯丝核菌侵染所致。以菌丝体或菌核在土壤和病残体中越冬，在土壤中可存活 2～3 年。环境条件适宜时，可直接侵入寄主内危害。病菌通过雨水、流水、农具转移以及施用带菌堆肥等传播。

④ 发病条件　高温、高湿，幼苗长势瘦弱，旧苗床土发病严重。

(3) 根朽病(黑胫病)

① 症　状　结球甘蓝幼苗叶部出现不甚明显的淡褐色病斑，后变成灰白色，上面散生许多黑色小粒点；根及茎基部产生长条形浅灰色病斑，稍凹陷，边缘带紫红色，病斑上散生小黑点，茎基因溃疡易倒伏，一触即断。重病苗床的幼苗连片垂萎，拔起死苗后可见主、侧根全部腐朽或产生条纹状溃疡裂开，皮层一捏即脱。有些幼苗在主根死亡后，其上端健部可再生新侧根，但仍发育不良。此病在秋季栽培的苗床较为多见，重病区春栽结球甘蓝苗床也有发生。以幼苗的中后期发生严重，有些年份在莲座期也暴发该病。

② 兼害蔬菜　甘蓝类、芜菁、白菜、萝卜等其他十字花科蔬菜。

③ 发生规律　病原菌为黑胫茎点霉，能以菌丝体或分生孢子在种皮内和土壤、堆肥中的病残组织内越冬，一般可存活 2～3 年。越冬病菌待到外界环境条件合适时，产生分生孢子进行初侵染，引起幼苗发病。以后再从患部产生分生孢子器和

分生孢子，进行重复侵染而蔓延危害。分生孢子主要借雨水或流水以及小昆虫，如种蝇幼虫、椿象等的活动传播。

④ 发病条件 高温季节、潮湿多雨或雨后骤晴，土壤板结通气不畅，是病害流行的主因素。

(4) 沤 根

① 症 状 幼苗出土后长期不发新根，幼根外皮呈锈褐色，逐渐朽烂。严重时侧根或主根木质部也朽烂脱落，致使地上部全株萎蔫死亡，极易从土中拔起，病根有明显异味，表皮成稠粘糊状。

② 兼害蔬菜 各种蔬菜幼苗。

③ 发生规律 这是一种生理性病害。由于苗床地势低湿，土壤粘重，通气不良，床温过低，使幼苗迟迟不能扎根。加上苗床中使用了未腐熟的有机肥，因无氧发酵分解产生一些有害物质和气体，如酒精、氨气等，使根部组织中毒变色，不发新根，是引起沤根的主要原因。苗床中土壤疏松处幼苗生长仍良好。

④ 发病条件 土壤高湿、低温，氧气不足和有机质未腐熟的苗床常发生此病。

(5)灰霉病

① 症 状 病苗色淡的茎叶组织渐呈水渍状软化，并随之腐烂枯死，在烂部茎叶表面生长出成堆的鼠灰色霉丛。病苗上部叶子接触地表时，霉状物生长更加茂盛，以致牢牢将幼苗和土表相粘而不能立起。

② 兼害蔬菜 甘蓝类、茄果类和莴苣等。

③ 发生规律 为灰霉菌侵染所致。病菌能形成菌核，以分生孢子及菌核在病组织内及其他腐生物上越冬。在苗床或保护地空气湿度过大的情况下，分生孢子萌发产生芽管侵染

幼苗。该菌寄生性较弱，一般只侵染生长瘦弱的幼苗，老菜田土、旧支架、覆盖物、种植多年的温室、大棚的建筑材料及各种旧农具上都可能存在。

④ 发病条件　阴湿和光照严重不足、生长黄瘦衰弱的幼苗发生灰霉病较普遍。

2. 苗期病害预防与急救

(1) 选好苗床及床土

苗床要地势高燥，背风向阳，排灌水方便；床土要新，土质要好，陈旧床土需选以下任一方法进行消毒处理。① 在播种前 3～4 周将床土耙松 6 厘米深，每平方米喷灌福尔马林（40% 甲醛）药液 2 千克，用塑料薄膜或麻袋覆盖密闭 2 周，每隔 2 天翻捣 1 次，共翻捣 2～3 次。床土需晾晒 1～2 周方能使用。② 50%多菌灵可湿性粉，或 70%敌可松，或 50%甲基托布津粉，每平方米床面用药量 8～10 克。如苗病以立枯病为主，可使用 75%五氯硝基苯或等量的五氯硝基苯和 50%福美双混剂；以灰霉病为主时，则使用 50%速克灵可湿粉，其用量同前。上述药剂在使用前再加潮湿细土 10～15 千克拌匀，取 1/2 撒于床面作垫土或施于耕作层中，播种后取其余 1/2 药土作覆盖土。用药土处理床土时应保持充足的土壤湿度，以防发生药害。

(2) 种子消毒

根朽病种子带菌率较高，播种前用 50℃温水浸种 20 分钟，对于种子表面带菌具有一定的杀伤作用。据陕西省蔬菜研究所试验，用 70%甲基托布津 600 倍液处理种子 10 分钟或 75%百菌清 600 倍液、25%瑞毒霉 800 倍液或 50%瑞毒铜 600 倍液、58%甲霜灵锰锌 400 倍液、70%代森锰锌 400 倍液任选一种在室温下浸种处理15分钟，再经流水冲洗干净，晾干后用于播种，防效很好，发芽率也不受影响。种子消毒对其他病害也均有一定的防效。

为了便于播种，也可采用上述药粉拌入干种子中进行消毒处理。用量按药粉占干种子重量的0.2%计算。要注意拌匀，随拌随播，防治效果也很理想。

（3）选用抗病品种

不同品种对于苗病的抗性不同，因此要根据品种简介，有针对性地选用抗病品种。

（4）加强苗床管理

抓好苗床的防冻保温、通风排湿措施；夏季要避免雨水拍打和积水，以免造成土壤板结；适当追肥，培育壮苗。

（5）发病后的急救措施

诊断病因确系传染性病害时，应立即拔除病苗，及时施药以防病害蔓延。药剂可选用：①52%百菌清或50%速克灵烟雾剂放烟防治，效果最好。这些药物使用方便，植株着药均匀，又不会增加空气湿度；②使用75%百菌清可湿性粉剂（猝倒病、黑胫病、立枯病、灰霉病）1 000倍液或50%速克灵可湿性粉（灰霉）2 000倍液，64%杀毒矾或70%代森锰锌可湿性粉剂（猝倒病、黑胫病、立枯病）350～500倍液，50%多菌灵（灰霉病，猝倒病）400～600倍液，40%甲基托布津（黑胫病、立枯病、灰霉病）600倍液，进行喷雾、灌根、涂茎，隔7～10天再防治1次，共防2～3次，均能收到较好的防效。70%敌可松可湿性粉剂（猝倒病）和75%五氯硝基苯（立枯病）均可使用；③以猝倒为主的苗病，还可施用铜氨合剂1 200倍液泼施于苗床内。铜氨合剂配制方法是：硫酸铜1千克与20千克氨水混匀即成，或者用硫酸铜1千克、碳酸铵7.5千克，混匀后加消石灰2千克混合，置容器内密闭24小时；④为防止因施药使土壤湿度过大，可撒施少量干土或草木灰。也可适当进行通风、换气、降湿，抓紧晴天晾苗，防止幼苗徒长。

3. 成株期病害及其防治

（1）病毒病

①症　状　苗期和成株期都易染病。幼苗受害，叶片上生褪绿斑点，直径2～3毫米，明脉或花叶；成株受害，最初心叶出现明脉、黄斑、轻微花叶和斑驳，随之扩展到中外部叶片。这时的症状常常会因环境条件的变化而时隐时现，雨后初晴观察比较明显。随后病害逐渐加重，叶片呈现明显的花叶症状，植株矮化，畸形，发育缓慢；较重病株叶片严重花叶，多数或全部叶片畸形，皱缩，老叶背面出现坏死斑点，不包心，甚至全株坏死；较轻病株叶片心叶及中部叶片出现花叶或明脉，少数叶片畸形或皱缩，植株包心，但结球迟且疏松。感病植株生长后期容易诱发黑腐病和软腐病，造成更大的经济损失，病原的传播范围也不断扩大。

②兼害蔬菜　甘蓝类、白菜类、萝卜等十字花科及葫芦科作物等。

③发生规律　以芜菁花叶病毒和黄瓜花叶病毒危害为主，也有部分花椰菜花叶病毒。在北方，病毒在窖藏采种株和过冬的十字花科蔬菜、宿根作物及杂草上越冬，如大青菜、油白菜、油菜、茼蒿、荠菜、菠菜、车前草等。种子和土壤中的活体病残根均可带毒。翌年春季由蚜虫把病毒传到结球甘蓝、花椰菜、球茎甘蓝等十字花科植株上，再经夏季的夏结球甘蓝、伏萝卜、白菜、花椰菜等传到秋结球甘蓝、花椰菜、球茎甘蓝等作物上。这样不断进行转主寄生、繁殖、扩散和发病。

病毒均由蚜虫和汁液摩擦传染。桃蚜、甘蓝蚜和萝卜蚜等是田间病毒的主要传播者。由于蚜虫吸、传毒时间短，传毒能力强，所以有利于蚜虫生长发育的环境条件极易造成病毒病的大流行。有翅蚜的迁飞对于病毒的远距离扩散起着重要作用。

④ 发病条件　气温高、干旱；土温高、土壤湿度低；播期过早等皆有利于病毒病大发生。

⑤ 防治措施

选用抗病品种：应用前面所介绍的抗病品种是防治病毒病的重要途径。除重视夏、秋结球甘蓝外，春结球甘蓝也不可忽视其抗病性。春结球甘蓝虽有避病作用不易造成大流行，但容易成为夏、秋结球甘蓝病毒传播源。

消灭蚜虫：蚜虫是传毒的主要媒介。要进行菜园联防和及早预防，中止蚜虫在无病甘蓝类植株上进行吮食。其防治方法详见后面介绍害虫(蚜虫)防治。

采用银灰薄膜避蚜或黄板涂药杀蚜措施，也可起到拒蚜防病的效果。

加强田间管理，增强植株的抗性：根据气候条件调节播期，使幼苗期避开高温、干旱高峰阶段，减少蚜虫传毒。定植时剔除病苗、弱苗；土壤需深翻、冬灌或夏晒，顶凌耙耱，增加通透性，培育强根系的壮苗，增强幼苗抗病能力；定植地要与前茬或邻作十字花科作物错开，并及时清除田园杂草，减少毒源。

选留无病种株：留种田严格拔除病株，必要时对栽培用种用0.1%高锰酸钾或10%磷酸三钠、5%甲醛溶液进行种子消毒。

(2) 黑腐病

①症　状　黑腐病是一种细菌引起的病害，它的症状是引起维管束坏死变黑。幼苗被害，子叶呈现水浸状，逐渐枯死或蔓延至真叶，使真叶的叶脉上出现小褐斑点或黑褐色细条。成株莲座期一般从湿度较大的下部叶片开始发病，细菌从叶缘的水孔侵入后先形成三角形褪绿黄斑，叶缘产生玉米粒大小的黄褐色坏死斑，再沿叶脉蔓延，逐渐扩大成"V"字形或长条形斑块，边周伴有黄色褪绿晕带。露水大的地块，上位叶也常零星发病。生长进入结球期，病害不断加重，受害叶位也随之升高。由于水孔侵入点的逐渐增多，叶缘形成火烧似的卷缩烧边，许多病斑相互联结成片，致使大量外叶枯死。结球甘蓝球叶受害后，坏死病斑便由上至下、由外向内产生黑褐色烂泥状腐烂，稍粘稠，有酸臭味，这些表现与软腐病脱帮有明显的区别。

② 兼害蔬菜　甘蓝类、白菜类、萝卜等。

③ 发生规律　由黄单胞杆菌属的十字花科黑腐细菌侵染所致。病菌在种皮表面和种子内部及病残体上越冬。一般情况病菌只能在土壤中存活1年，病残体完全腐解后，病菌也随之死亡。播种带菌的种子或病残体遗留田间，病菌便从幼苗子叶叶缘的气孔侵入，引起发病。成株叶片受染，病菌多从叶缘水孔或害虫咬伤口侵入，先是危害少数薄壁细胞，然后进入维管束组织，沿着叶脉蔓延，形成特有的"V"字形坏死斑，并随之上下扩展，可以造成系统性侵染。留种株染病后，病菌可沿果柄维管束进入种荚而使种子表面带菌，并能从种脐入侵而使内种皮染菌；种子脱离时，病株种荚上的细菌也能较多地沾附在种子表面。带菌的种子是该病菌进行远距离传播的主要途径。在田间主要借雨水冲溅、灌水、农事操作、昆虫、土粪

等传播、蔓延。

④ 发病条件　高温、高湿多雨有利发病。秋早播、夏晚播，连作地往往发病重。

⑤ 防治措施

留种、做床：从无病株留种的种子播种和选择无病残体的土壤做苗床。

实行轮作：实行与非十字花科作物2～3年轮作。

选用抗病品种：春结球甘蓝栽培一般黑腐病发病轻；夏、秋冬结球甘蓝栽培发病较重。在黑腐病严重发生地区，种植秦菜3号、秦甘80、秋抗等抗病的品种较为理想，但当前还未选育出对黑腐病菌具有免疫的品种。

种子消毒：干种子在60℃下进行干热灭菌6小时或50℃温汤浸种处理20分钟，也可用45%代森铵400倍液浸种15分钟或氯霉素、农用链霉素300毫克/升浸种10分钟，洗净、晾干后进行播种。

适期播种，切忌过早：按照各栽培品种的生育特点，使结球甘蓝的叶球膨大期尽量避开高温高湿季节，防止病害的早发和传播蔓延。

喷药防治：发病初用链霉素或氯霉素100单位喷雾。混发其他叶病时，喷洒70%代森锰锌400倍液、58%甲霜灵锰锌400倍液，以增强植株的综合免疫能力，每周防治1次。对重病株拔除后再喷药，控制病菌扩散。

控制水分：根据天气情况，严格进行水分管理。灌水过量或早晚重露、重雾天气或地面干湿及温差变化剧烈时，黑腐病就会迅速发生和流行。因此，少量勤灌、多施有机肥，是防止黑腐病蔓延的重要措施之一。

减少伤口：避免机械损伤和虫伤，减少病原菌入侵口。

（3）霜霉病

① 症　状　对幼苗、营养株和制种株均可危害，尤以春、秋苗床最为普遍，因此对产量和品质威胁较大。幼苗初在叶背产生大量棉絮块状的白色霜状霉层，正面出现黄色褪绿斑块，扩大后常受叶脉限制而成多角形；有些品种病斑上布大量黑褐色小枯点，严重时叶茎变黄枯死。结球甘蓝进入营养贮藏器官生长期以后，雨后病情迅速发展，近地面平展叶均连片枯死，植株叶片从外向内部层层干枯，最后只剩下一个叶球。病菌在结球甘蓝采收贮藏期间继续发展达到叶球内，使中脉及叶肉组织上出现黄色不规则形的坏死斑，叶片干枯脱落。在留种株上，除病叶由下向上产生棉絮状霜霉和病斑外，茎部也出现黑褐色斑疤，上布白灰色霉层，结实不良或不结实，对产种量和种子饱满度影响很大。

② 兼害蔬菜　十字花科其他蔬菜。

③ 发生规律　由十字花科霜霉菌侵染所致。病菌主要以卵孢子在种子表面、病残体和土壤中越夏和越冬，也能以菌丝体在留种株内或越冬十字花科蔬菜体内进行活体寄生，度过外界不良环境。翌年卵孢子萌发侵染春菜，如春结球甘蓝、小白菜、萝卜和油菜等，发病后在病斑上产生孢子囊或直接从留种株的病组织上长出孢子囊进行再侵染。夏季高温时，春菜病组织内均可形成大量的卵孢子，经1～2个月休眠后，成为当年秋结球甘蓝类、白菜、萝卜等作物发病的侵染来源。种子表面附着的卵孢子可随种子播入田间，侵染幼苗后，不断危害和扩散。田间病害的蔓延主要是孢子囊重复侵染的结果，环境适宜时，只需3～4天潜育期。孢子囊的传播以气流为主，雨水冲溅可造成近距离传播。孢子囊萌发产生芽管，从气孔或直接从表皮细胞间隙侵入体内。

④ 发病条件　潮湿、温暖易于病害大流行。播种早、通风不良、连作地、底肥不足、密度过大、包心期缺肥、生长差的植株，发病也重。

⑤ 防治措施

选用抗性强的品种：一般抗病毒病的品种也兼抗霜霉病。

实行轮作，适期播种：与非十字花科作物进行隔年轮作。播期要以品种的生育特点和能使幼苗避开高温干旱和阴雨连绵阶段而定。

种子消毒：播前用种子干重0.3%的35%瑞毒霉或种子干重0.4%的75%百菌清可湿性粉剂拌种。

加强田间管理：合理密植，加强肥水管理，及时中耕除草，降低田间地面湿度，施足基肥，增施磷、钾肥和有机肥，莲座期后不可缺水缺肥。收获后彻底收集病枝残叶，集中烧毁或沤肥，并翻耕和冻、晒土壤，减少田间的病菌量。

药剂防治：在发病初期或出现中心病株时，喷洒1∶2∶300波尔多液、25%瑞毒霉或甲霜灵可湿性粉800倍液（0.05～0.075千克/667平方米）；70%代森锰锌或58%甲霜灵锰锌、58%瑞毒霉锰锌、64%杀毒矾可湿性粉400～500倍液；40%乙磷铝200倍液、50%瑞毒铜或57%百菌清可湿性粉600倍液进行防治，均可收到良好的防治效果。每隔5～7天喷防1次，连续2～3次。喷药还必须细致周到，特别是老叶背面也应喷到，否则效果受影响。

（4）软腐病

① 症　状　结球甘蓝易发病，且发病较重。在结球甘蓝包心期至贮藏期发生。包心期被害时，发病初外叶在晴天呈萎蔫状下垂，而阴天或早晚均能恢复正常状态。随着病害不断加

重，植株逐渐失去恢复能力而使整个或大部分叶片青枯。菜帮基部、茎基部或根上部先产生水渍状病斑，淡灰黄色，植物组织粘稠湿腐，成烂泥状，有恶臭味，病斑向上、下、左、右扩展蔓延，造成茎基和根、叶柄腐烂。病斑成片状由叶柄向上扩展，终使叶球由外向内，不断腐烂；由根部向上扩展时，叶球则由内向外腐烂，呈乳黄色烂泥状，有臭味，最终失去商品价值。由于根和茎基受害后组织变脆，叶球极易脱落，一触即倒，发病晚期病株则自行倾倒。贮藏期间叶球易脱帮或腐烂，受害叶叶脉变为黑褐色。

② 兼害蔬菜　甘蓝类、白菜类、萝卜、胡萝卜、马铃薯、番茄、辣椒、大葱、洋葱、芹菜、莴苣等蔬菜。

③ 发生规律　危害病菌为欧氏杆菌属细菌，主要随同病株和病残体在土壤、堆肥、菜窖或留种株上越冬，也可在黄条跳甲等虫体内越冬。借助昆虫、灌溉水及风雨冲溅，从植株伤口侵入，在伤口或细胞间吸收营养，分泌果胶酶分解寄主细胞的中胶层，使寄主细胞离散。由于病菌寄主广泛，可在土中寄居积存，所以能从春到秋、在田间各种蔬菜上传染繁殖，不断危害，最后传到甘蓝类、白菜和萝卜等秋菜上。

④ 发病条件　咀嚼式口器昆虫密度大、早播株衰、多雨湿热气候、土壤干裂伤根、肥料未腐熟地块连作、植株自然裂口多及黑腐病严重时，此病易大发生。

⑤ 防治措施

提高栽培管理技术，加强农业防病措施：定植前土壤需深翻曝晒，前茬以豆类和葱蒜等作物最好；地势要排灌方便，防止土壤粘重；适期播种定植，以避免包心期感病阶段与当地雨季相遇；缺水肥或蹲苗时间过长时，土壤干裂伤根或大水漫灌后幼苗猛长，叶柄上易产生自然裂口，常会给病菌侵染造成可乘之机，因此要增施底肥，及时灌水追肥，“一促到底”，不断清除病株烂叶，穴内施以消石灰进行灭菌。

防治害虫，避免虫伤：病菌极易从黄条跳甲、菜青虫、甘蓝夜蛾、小菜蛾、芜菁叶蜂、猿叶虫、地蛆等害虫造成的虫伤入侵，加之虫体也可带菌，造成病害的传播蔓延。因此应及时施药防治。鳞翅目害虫可喷2.5%敌杀死800～1 000倍液、40%氧化乐果1 000～2 000倍液、敌百虫原粉2 000倍液、50%敌敌畏乳油1 000～1 500倍液；甲虫类用90%晶体敌百虫1 000倍液、80%敌敌畏乳油1 500～2 000倍液喷雾或灌根杀死幼虫；种蝇和萝卜蝇的成、幼虫亦可用上述药剂进行喷雾和灌根，还可用50%辛硫磷乳油，每667平方米125～150克对水60升，或2.5%敌百虫粉、4.5%甲敌粉、5%西维因粉每667平方米1～1.5千克处理土壤。2.5%敌百虫粉亦能喷粉防治成虫，用量同前。

选用适应当地条件的抗病品种：抗病毒病和霜霉病的品种大多数也抗软腐病；外叶直立、叶面蜡粉厚、色深绿的品种一般比外叶贴地、叶面蜡质薄、色黄绿的柔嫩多汁品种抗病。

药剂防治：于发病前和发病初，及时在靠近地面的叶柄基部和茎基部喷施农用链霉素或新植霉素200毫克/升，敌克松原粉1 000倍液或70%敌克松800倍液，或50%代森铵600～800倍液，或77%氢氧化铜可湿性粉剂400～600倍液，或氯霉素300毫克/升，7～10天喷药1次，共2～3次，重者进行灌根治疗。

(5) 黑斑病

①症　状　叶片上形成淡褐色或黑褐色具有明显同心轮纹的圆斑，上生黑色霉状物即病原菌子实体。球叶和外叶发病后病斑易腐烂和穿孔，潮湿有露的情况下更为明显，严重者

诱发球叶腐烂，失去商品价值。采种株茎、花梗和种荚均可被害。

② 兼害蔬菜　十字花科多种蔬菜，以结球甘蓝、白菜、萝卜等受害最重。

③ 发生规律　为交链孢属甘蓝黑斑病菌和白菜黑斑病菌侵染所致。病菌能以菌丝体和分生孢子在病残体上、土壤中、十字花科越冬作物及留种株上、种子表面等处越冬。因此，田间发病的初侵染来源特别广泛。分生孢子通过气流和雨水冲溅进行传播，萌发的芽管可从叶部气孔或表皮直接侵入。病斑在环境适宜时产生大量分生孢子即黑色霉状物，不断重复侵染，危害也随之蔓延。

④ 发病条件　结球甘蓝黑斑病菌最适侵染温度为25℃，白菜黑斑病菌为15℃，整个生长季节均能发生。但一般在天气温暖及阴雨高湿的秋季发病严重。

⑤ 防治措施

种子处理：参照苗期病害防治措施。也可用50%福美双、70%代森锰锌或异菌脲可湿性粉剂（占干种子重的0.2%～0.4%）进行拌种，要注意随拌随用。

选用抗病品种：一般前面介绍的主栽品种对黑斑病的水平抗性较好，根据多年品种栽培试验，观察到平头、叶色深绿的品种比圆头、叶色浅绿的品种抗病。

栽培管理：尽量避开邻近的或春留种田的其他十字花科蔬菜；与非十字花科蔬菜进行轮作；增施基肥及磷肥，并注意氮、磷、钾肥适当配合使用，提高植株抗病力；叶菜类收获后要及时清除田间病叶残体；选择合适的繁种基地，减少种株病菌感染。

喷药保护：发病初期，摘除少量病叶后，喷洒1∶1∶400

的波尔多液，或50%甲基托布津、75%百菌清、70%代森锰锌、25%瑞毒霉、58%甲霜灵锰锌、50%瑞毒铜可湿性粉剂500倍液，14%络氨铜水剂600倍液，77%氢氧化铜可湿性粉剂500倍液，72%农用链霉素可溶性粉剂4 000倍液，任选一种进行防治或交叉防治，每周1次，严重者3～4天1次。注意喷匀，以防药害发生。另外，在种荚成熟期，喷施上述农药2次，可获得带菌率低或不带菌的种子。

(6) 菌核病

①症　状　幼苗茎基部呈水渍状腐烂，可引起猝倒。成株受害多在近地面的茎部、叶柄和叶片上发生水渍状淡褐色病斑，边缘不明显，常引起叶球或茎基部腐烂。种株易在终花期发生菌核病，茎秆上病斑初为浅褐色，后变成白土色，稍凹陷，最终导致组织腐朽、表皮易剥、茎内中空、碎裂成乱麻状。种荚受害也可产生黄白色病斑，严重者早期枯死、变干。在高湿条件下，茎秆、种荚和病叶表面密生白色棉絮状菌丝体和黑色鼠粪状菌核硬块，病斑发朽、变粘。重病株在茎秆和种荚内产生大量菌核。

②兼害蔬菜　除十字花科蔬菜外，还危害菜豆、豌豆、蚕豆、大豆、花生、马铃薯、番茄、辣椒、莴苣、胡萝卜、菠菜、黄瓜、洋葱等。

③发生规律　由十字花科菌核病菌侵染所致。病菌以菌核在土壤中或混杂在种子间越冬、越夏或度过寄主中断期，至少可存活2年，是病害初侵染的来源。翌春，在温湿度适宜时，菌核便萌发产生子囊盘，子囊盘开放后，子囊孢子已成熟，稍受震动就一齐喷出，并随气流传播、扩散进行初侵染。花瓣和衰老的叶片极易受侵染。菌丝在寄主组织的细胞间隙分泌果胶酶以融解中胶层，拆散组织细胞，造成寄主组织死亡。植株

与植株之间或同一植株的各器官之间的传播必须依靠病健部位的直接接触，由病部长出白绵毛状菌丝体传染。多雨潮湿时，病害还会迅速蔓延。发病后期，在病茎、病荚内外或病叶上产生大量菌核，落入土壤、粪肥、脱粒场或夹杂在种子、荚壳及残屑中越冬。

④ 发病条件　在花期，温暖、高湿的环境条件易造成病害猖獗流行。

⑤ 防治措施

清田选种：留种田消灭菌核，减少初次侵染源，以提高种子质量。具体可采用轮作和深翻留种田灭菌；处理病残株和减少收获时遗落菌核量；留种要注意清选种子，以剔除种子中夹杂的菌核。在播前还可用10%～15%的盐水或硫酸铵水选种，能漂浮汰除绝大部分的菌核，选种后需立即用清水冲洗，以免影响发芽。

加强田间管理：种株合理密植，改善栽培田环境和巧施磷肥，培育壮苗，提高植株抗病力。要注意合理密植、通风透光外，在春季多雨情况下，应适时清沟防渍，降低田间湿度。在管理过程中，进行"重施基肥，巧施磷肥，冬盖浮粪，早施返青肥"，可促使壮苗早发。

化学防治：用1∶2的草木灰、熟石灰混合粉，撒于根部四周，每667平方米30千克；1∶8硫黄、石灰混合粉，喷于植株中下部，每667平方米5千克，可在抽薹后期或始、盛花期施用，以消灭初期子囊盘和子囊孢子。在始花期，用70%代森锰锌可湿性粉剂500倍液；70%甲基托布津、50%多菌灵或40%纹枯利可湿性粉剂1 000倍液；0.2%～0.3%波尔多液或13波美度石硫合剂喷洒植株茎基部、老叶和地面上；40%菌核净1 500～2 000倍液，或50%腐霉利1 000～1 200倍液，在病发初期开始用药，每隔7～10天1次，连续喷药2～3次。

4. 主要害虫及其防治

(1) 菜青虫

菜青虫为菜粉蝶的幼虫，属于鳞翅目粉蝶科。

① 害 状　初期为害形成许多虫孔，幼虫2龄以前啃食叶肉，仅留透明的表皮。3龄后食量显著增大，能将叶片咬穿或将叶缘咬成缺刻，甚至将叶片蚕食吃光，只留下大的叶脉和叶柄。幼苗受害，重则死亡，轻则生长不正常；在结球甘蓝结球后期如不及时防治，将造成严重减产和品质下降；蚕食的伤口还可诱发软腐病。

② 兼害蔬菜　甘蓝类、白菜类等十字花科蔬菜叶片。

③ 形态特征　成虫翅面和脉纹白色，翅基和前翅前缘色较暗，前翅顶角和中央斑纹黑色，后翅前缘有一黑斑。幼虫绿色，背中线狭，淡黄色，气门线断续，黄色。

④生活习性　每年发生5代。以蛹在菜园附近树干、屋墙、篱笆、砖石、土缝、杂草和残株落叶间越冬，翌年3月初羽化为成虫。成虫吸食花蜜，并选择十字花科作物产卵，所以不停地在蜜源植物与菜田之间来回飞行。每雌虫产卵数百粒，卵期3～8天，幼虫5龄。春夏之交，温暖干燥的气候易造成虫口的最高峰。

⑤ 防治方法　清除田间残株、菜叶，减少虫源；药剂防治可用90%敌百虫800倍液，或80%敌敌畏乳剂1 000倍液，或20%速灭杀丁(杀灭菊酯)或2.5%的敌杀死(溴氰菊酯)4 000倍液，或20%灭扫利乳油6 000～8 000倍液杀灭幼虫。

(2) 菜 蚜

菜蚜又名蚜虫、油汗、腻虫。为害种类有甘蓝蚜(菜蚜)、桃蚜(烟蚜)、萝卜蚜等,均属同翅目蚜科。

① 害　状　从幼苗开始菜蚜便刺吸植物汁液,使菜叶变黄、卷缩变形,生长不良,影响包心,产量和品质大大降低。叶背常聚集有成团块的菜蚜堆,上布稠粘的黄蜜露。留种植株的嫩茎、花梗和嫩荚被害时,影响抽薹、开花和结籽,花梗扭曲畸形。菜蚜传播的病毒病,将会造成更大的危害。

② 兼害蔬菜　甘蓝类、白菜类、马铃薯、番茄、菠菜等多种蔬菜。

③ 形态特征　有具翅的和无翅的个体。前翅大而后翅小,前翅只有1条粗的纵脉,端部有1粗大的翅痣,腹部稍后有1对腹管和1个尾片。甘蓝蚜腹管很短,中部膨大,近末端收缩成花瓶状。无翅胎生雌蚜黄绿色,有白色蜡粉;有翅胎生雌蚜绿色,触角第三节有50多个次生感觉孔。萝卜蚜和甘蓝蚜很相似,但有翅胎生雌蚜触角第三节只有15个次生感觉孔。无翅胎生雌蚜黄绿色,体上有白色蜡粉。桃蚜头部在触角内侧有明显的疣状突起,有翅胎生雌蚜此疣倾向内方;腹管中等长,圆柱形。无翅胎生雌蚜绿色,触角第三至第六节有覆瓦状纹。有翅胎生雌蚜淡褐色,触角第三节有12个次生感觉孔。

④ 生活习性　菜蚜繁殖速度特别快,世代重叠现象极为突出,较难分清世代。北方估计1年10～20代,南方则可达40代。以卵或无翅胎生雌蚜在温室、窖藏蔬菜上和露地杂草、越冬菜心叶内或根部附近土中越冬。翌年春孵化,繁殖和迁飞至露地大田定植的甘蓝类作物上进行为害,以春末夏初蚜量最盛。高温干旱可促进有翅蚜的形成和迁飞,传播病毒所造成的危害也随之加重;阴雨潮湿的天气则对菜蚜的繁殖不利。

⑤ 防治方法　春季铲除田边杂草,减少菜蚜数量;栽培结球甘蓝尽量选择远离越冬十字花科和能够使菜蚜越冬的其

他作物的田块；及时喷药：可采用 50%抗蚜威可湿性粉 1 000 倍液，对菜蚜具有特效。也可用 20%速灭杀丁(杀灭菊酯)或 2.5%敌杀死(溴氰菊酯)5 000～7 000 倍液，或 50%敌敌畏乳油 1 000～1 500 倍液，或 80%敌敌畏乳油 2 000～2 500 倍液，或 50%辛硫磷 800～1 000 倍液进行喷雾，每 5～7 天喷药 1 次，连续喷 2～3 次，在幼苗期防治效果最佳。由于结球甘蓝叶片蜡质较多，应在药液内加入 0.1%洗衣粉作粘着剂；使用自制的脲洗合剂进行防治，配法：洗衣粉 50 克，尿素 150～200 克，加水 18～20 升充分混合可喷洒使用。脲洗合剂不但可以防治菜蚜，还可起到根外追肥的作用；春结球甘蓝栽培的喷药防蚜关键时期，应注意放在 5 月中旬大田油菜籽成熟采收前后，菜蚜大量迁飞的高峰阶段。

(3) 菜 蛾

菜蛾又名小菜蛾、方块蛾、两头尖小青虫。幼虫俗称吊死鬼。属于鳞翅目菜蛾科。

① 害 状　以幼虫进行为害。初孵化的幼虫半潜在叶内为害，以身体的前半部伸入到上下表皮间啃食叶肉；1～2 龄幼虫一般仅能取食叶肉，而留下表皮，在菜叶上造成许多透明的斑块；3～4 龄幼虫能把菜叶食成孔洞或缺刻，有时能把叶肉吃光，仅留下网状的叶脉。幼虫有集中为害菜心的习性，对植株的生长发育造成严重影响。

② 兼害蔬菜　甘蓝类、白菜类等十字花科蔬菜。

③ 形态特征　成虫为灰褐色小蛾，体长 6～7 毫米，翅展 12～15 毫米。前后翅均细长，具有较长的缘毛。前翅前半部浅褐色，后半部从翅基到外缘有 1 条三度曲折的黄白色波纹。静止时两翅叠成屋脊状，黄白色部分合并成三角连串的斜方块。前翅缘毛长，翘起如鸡尾状。卵为椭圆形，长约 0.5 毫米，宽

0.3 毫米。初产时乳白色，后变黄绿色。老熟幼虫纺锤形，黄绿色，体节明显，体长约 10 毫米左右。身体上被有稀疏的长而黑的刚毛。头部淡褐色，前胸背板上有由淡褐色小点组成的 2 个"U"形纹。臂足向后伸长超过腹部末端。蛹长 5～8 毫米，初期为淡绿色，后变为灰褐色。肛门周缘有钩刺 3 对，腹末有小钩 4 对。茧为纺锤形，灰白色，多附在叶片上。

④ 生活习性　每年发生的代数随地区由北向南而递增，一般每年 3～6 代。北方以蛹越冬。4～5 月份羽化。成虫昼伏夜出，白天只有在受到惊扰时，才在株间作短距离飞行。成虫产卵期可达 10 天，一般每只雌成虫产卵 100～200 粒，卵散产或数粒一起，分布于叶背脉间凹陷处。卵期为 3～11 天。幼虫共分 4 龄，生育期 12～27 天。老熟幼虫在叶脉附近结茧化蛹，蛹期约 9 天。菜蛾的发育适宜温度为 20℃～23℃。在北方发生的高峰时期为 5～6 月份和 8 月份，以 5～6 月份为害严重，秋季较春季为害严重。

⑤ 防治方法

农业防治：避免十字花科蔬菜周年连作，秋季栽培时选择离虫源远的田块，收获后及时清除残株落叶，进行翻耕，可消灭大量虫口。

黑光灯诱杀成虫：在成虫发生期，每 6 670 平方米放置黑光灯 1 盏，灯下放 1 个大水盆，每天早晨捞去盆中的成虫集中杀死。

性诱剂诱杀：可用当天羽化的雌蛾活体或粗提物诱杀雄蛾。

生物防治：可用细菌农药，如杀螟杆菌、青虫菌、140、7216 等每克含 100 亿活孢子的苏云金杆菌制剂 500～1 000 倍液喷施。保护天敌，或人工饲养后释放出来控制菜蛾。

药剂防治：可用灭幼脲1号或3号制剂500～800倍液、5%的抑太保3 000倍液、5%的卡死克2 000倍液、5%的锐劲特3 000倍液、24%的万灵水剂1 000倍液等喷雾防治。

(4) 甘蓝夜蛾

甘蓝夜蛾又称甘蓝夜盗蛾，属鳞翅目夜蛾科。

① 害　状　1～2龄幼虫食取蔬菜的叶肉，仅留下表皮。3龄以后把叶片吃成孔洞和缺刻。3龄前多群集为害，4龄以后分散为害，5龄以前昼夜为害，6龄幼虫白天躲在土中，夜间出来为害。

② 兼害蔬菜　可为害各种十字花科蔬菜及油菜；另外对瓜类、豆类、辣椒、番茄、茄子、马铃薯、牛皮菜、甜菜等蔬菜也有为害。主要为害结球甘蓝和牛皮菜。

③ 形态特征　成虫体长20毫米左右，翅展45毫米，体色棕褐。前翅上有明显的肾状斑和环状斑。后翅外缘有1个小黑斑。卵为半球形，淡黄色。老熟幼虫体长50毫米，头褐色。胴部腹面淡绿色，背面为黄绿或棕褐色。蛹长20毫米，棕褐色，具有2根长臀棘。

④ 生活习性　北方每年发生2～3代，以蛹在土壤中越冬。成虫对黑光和糖醋气味有较强的趋性，喜欢密集在通风较差的地方产卵成单层块状。每只雌成虫产4～5块卵，约600～800粒。卵的发育适宜温度为23.5℃～26.5℃，卵期4～5天。幼虫共6龄，1～3龄幼虫集中叶背为害，4～6龄开始分散为害，5龄以后食量增大，白天藏在叶子里或根周围土中，夜间出来为害，5～6龄为暴食期。幼虫发育适宜温度为20℃～24.5℃。老熟幼虫在土中做茧化蛹。蛹发育的适宜温度为20℃～24℃，越夏蛹历期2个月，越冬蛹历期半年以上，其他时期历期10天左右。土壤含水量为20%时，对蛹发育最

为适宜。土壤含水量小于5%或大于35%时都会降低羽化率。该虫发育的最适宜气温为18℃～25℃，相对湿度70%～80%。温度低于15℃或高于30℃，相对湿度小于68%或大于85%，对该虫的发生不利。

⑤ 防治方法

农业防治：根据甘蓝夜蛾以蛹在土中越冬的特点，秋耕和冬耕菜地，能消灭在田里的部分蛹，以减少越冬基数。

物理防治：成虫发生期，采用黑光灯或糖醋盆诱杀成虫。利用其卵块产于菜叶上，幼虫2龄前集中为害的特点，及时摘除带卵、带虫的叶片，拿到田外集中杀虫。

药剂防治：在幼虫未钻入叶球前，可用21%灭杀毙6 000～8 000倍液，或2.5%敌杀死4 000倍液，或20%灭扫利乳油3 000倍液喷雾防治。

（5）小地老虎

小地老虎又名土蚕、地蚕、黑土蚕、黑地蚕，属鳞翅目夜蛾科。

① 害　状　幼虫将结球甘蓝的幼苗近地面的茎咬断，造成作物整株死亡。

② 兼害蔬菜　可为害多种蔬菜，如十字花科、茄科、豆科、葫芦科、百合科以及菠菜、莴苣、茴香等。

③ 形态特征　成虫体长16～23毫米，翅展42～54毫米，深褐色。前翅上具有明显的肾状纹、环形纹、棒状纹和2个黑色剑状纹。后翅灰色，无斑纹。卵径0.5毫米，半球形，表皮具有纵横隆纹。初产时乳白色，孵化前灰黑色。幼虫体长42毫米左右，灰黑色。蛹长20毫米左右，赤褐色，有光泽。

④ 生活习性　每年发生2～4代。在长江流域地区以老熟幼虫、蛹及成虫越冬。成虫夜间活动。卵产在小杂草及靠近

地面的叶背或嫩茎上。成虫对黑光灯及糖、醋、酒等有较强的趋性。幼虫共分 6 龄，3 龄前取食结球甘蓝幼嫩部位；3 龄后，白天潜伏在土中，夜间出来为害，咬断幼苗茎部。

⑤ 防治方法

农业防治：早春清除菜田及其周围的杂草，减少成虫产卵的场所。如果在杂草上已发现有卵，就应采用药剂防治。

诱杀成虫：利用黑光灯或盆装糖、醋、酒诱杀成虫，也可利用泡桐树叶能诱集小地老虎的习性，将比较老的泡桐树叶，用水浸湿，每 667 平方米均匀放置 70～80 片叶，次日晨人工捉拿幼虫。

药剂防治：对于 1～3 龄的低龄幼虫可用 90%的晶体敌百虫 800 倍液，或 50%辛硫磷乳油 800 倍液，或 21%灭杀毙 8 000 倍液喷雾防治。对大龄幼虫可用 90%晶体敌百虫做成毒饵诱杀。

人工防治：发现田间出现断苗时，于清晨扒开断苗附近的表土，捕捉幼虫。

(6) 蚂　蚁

常见种类有褐蚁及黑蚁，属于膜翅目蚁科昆虫。

① 害　状　在莲座期以前的幼苗茎基和根部常遭大量蚂蚁不断来回地采食。幼嫩根茎表皮组织及根毛被咬食成道道沟痕。四周韧皮组织周围全部被吃完时，植株幼苗将因养分输送不足而出现萎蔫、整株枯死。起根后可见主根部近乎断开，木质部变硬、变脆。植株根区有大量蚁穴时，将会造成幼苗成片死亡。

② 兼害蔬菜　以十字花科幼、成苗为主，也可为害其他种类蔬菜幼苗和菜株。

③ 形态特征　体小，腹部第一节或第一、第二节成为小

型的结。触角膝状，3～13节，柄节很长，末端2～3节加大。上颚发达，翅脉简单，只1～2肘室及盘室。胫节有发达的距，前足的距大而成梳状，跗节5节。蚂蚁为多态性，有“社会组织”，1个巢穴内通常有生殖器发达的雌虫（蚁后）、雄虫各1个或几个，雌虫触角和足比雄的短，腹部膨大。极大数量的个体为工蚁，体小而无翅，眼小，单眼退化，触角、足及上颚发达。工蚁实为生殖器不发达的雌性。

④ 生活习性　多生活在地下或朽木中，也有在树上的，有营巢习性。蚁后交配1次可陆续产生受精的卵，寿命可长达10年。工蚁负责扩大巢穴、饲喂幼虫及蚁后。1个巢内的个体从几十个到几万个。不少蚂蚁喜食蚜虫、介壳虫、角蝉等的排泄物，故常与这些昆虫共栖生活。蚂蚁也喜欢油渣和腐殖质的发酵香味，所以，未腐熟彻底的油渣和粪肥常会招引蚂蚁，使蚂蚁以植株根部孔隙为通道，造成土壤板结，通气不畅，最终导致根部受害。

⑤ 防治方法　及时清除田块内外杂草，破坏蚂蚁的栖息环境；深施充分腐熟的农家肥，在蚂蚁为害严重地区，油渣要慎用；土壤处理：每667平方米用4.5%甲敌粉或2.5%敌百虫粉1.5～2千克，也可用90%敌百虫800～1 000倍液喷雾，在定植前15天处理15～20厘米表层土壤；毒饵诱杀：在作物近地面的根茎部附近和菜苗行间、畦埂周围，可施放毒饵诱杀。毒饵可用剁碎的菜叶、鲜草、杨树枝叶、炒香的油渣、麸皮、豆饼等拌以敌百虫液、甲敌粉、灭扫利、氧化乐果、辛硫磷等杀虫剂以料：药＝10：1配比制成稀释液，上洒蜂蜜水、糖醋水、香油等香料，诱杀效果更好。1周1次，连续洒施2～3次；药剂灌根：每次每667平方米用药量为甲敌粉、敌百虫粉1～1.5千克，其他用药均为0.25千克。使用50%辛硫磷、80%敌

敌畏、40％氧化乐果等每 667 平方米 0.2～0.25 千克灌根防治，用水量为 400～500 升；也可以稀释后随灌水施入。将樟脑丸（也叫臭蛋、萘丸）研成粉末，撒在秧苗的根茎周围，驱蚁作用极佳；人工防治：在蚁穴出口处和田间为害的根茎部，可组织人力，扒开断苗附近表土，捕捉和喷药杀死蚁虫，捣毁巢穴。

（7）菜茎象甲

菜茎象甲属鞘翅目象甲科昆虫。

①害　状　在种株花茎的薹秆上进行为害。幼虫在茎内咬食髓部，使茎部肿大崩裂、扭曲变形、折断腐烂和枯死，造成制种产量严重损失。成虫取食叶片，在薹茎部凿孔产卵，使茎部膨大呈畸形。

②兼害蔬菜　十字花科其他蔬菜茎秆。

③形态特征　成虫体长约 3.5 毫米，黑色，因覆盖有绒毛，看似带灰白色；头的鼻状部细长，圆柱形，长于前胸背板，伸向前足的中间；触角膝状，着生在鼻状部的前中部；前胸背板有粗点刻，前缘略向上翻起；鞘翅上有小点刻排成沟，沟间有 3 行密而整齐的毛。成虫食叶。幼虫白色，透明，头大，黄色，常在茎秆内造成隧道。

④生活习性　每年 1 代。成虫在越冬十字花科作物田块的土缝中越冬，2 月中、下旬出土活动；4 月上旬，在甘蓝类等蔬菜的抽薹期，交配产卵，使茎部膨大呈畸形。卵孵化成幼虫在茎内咬食髓部，造成隧道，10～20 个生活在一起，使植株茎秆出现被害状。幼虫老熟后入土化蛹，6 月中下旬羽化。夏季潜入土中越夏。

⑤防治方法　目前主要是用化学防治。首先要在早春，北方在 3 月初，越冬成虫刚出蛰，于产卵前喷 2.5％敌百虫粉，每 667 平方米 1.5～2 千克，或 90％敌百虫 1 000 倍液，或

80%敌敌畏乳剂1 500倍液，或50%辛硫磷乳油800～1 000倍液、或50%马拉硫磷乳油1 000～1 500倍液。

（八）结球甘蓝加工和贮藏

1. 加　工

(1)泡　菜

① 制作方法　结球甘蓝球叶、内短缩茎(中心柱)、叶球成熟收后的去皮外茎都可作为原料。新鲜原料经过充分洗涤后，把不适用的茎皮、叶面病斑等剔除干净。大叶切成便于泡制的大小，球茎切小块、片状或条状。利用含矿物质较多、硬度在16°H以上的井水和泉水配制泡菜盐水，效果最好，因其可以保持泡菜成品的脆性。自来水的硬度在25°H以上者也可使用，但经过处理的软水则不宜用来配制盐水。至于塘水、湖水及田水均不可用。

有时为了增强泡菜的脆性，可以在盐水中加入0.05%的钙盐如$CaCl_2$，$CaCO_3$，$CaSO_4$等，也可以利用0.2%～0.3%的生石灰(CaO)水溶液浸泡原料，经短时间取出清洗后入坛泡制，可有效地增加其脆性。宜选用质量高、含苦味物质如$MgSO_4 \cdot 7H_2O$，Na_2SO_4极少的食盐，浓度一般以6%～8%为宜，为了增进泡菜的品质可以在盐水中加入2.5%的白酒、2.5%的黄酒、1%的甜醪糟、2%的红糖及3%的红辣椒。亦可加入各种香料。香料宜碾细成粉用纱布包裹，置于坛内一同泡制。为了缩短泡菜的成熟时间，常在新配制的盐水中，人工接种乳酸菌或加入品质良好的陈泡菜水，含糖分少的原料还可以加入少量的葡萄糖以加快乳酸发酵。

泡菜坛子用前洗净沥干，随即将准备好的原料装入坛内，装至半坛时将香料包放入，继续装原料至距坛口6～7厘米时为止，随即注入所配制的泡菜盐水，使盐水能将原料淹没，并用竹片将原料压住，以免原料浮于水之上。将坛口用小碟盖上后在水槽加注清水，如此便形成了水封口。将坛置于阴凉处任其自然发酵。泡菜的成熟期限，一般新配的盐水在夏天泡制时需4～5天，冬天则需10～12天才可成熟。

②泡菜的管理　入坛泡制后，一般不需要特殊的管理，只要保证水槽中有足够的水形成水封口即可。泡菜在发酵初期会有大量的气体逸出，坛内逐渐形成无氧状态，有利于正型乳酸菌活动。如果坛内形成一定的真空时，水槽的封口会更加紧密，有时因气温的突变影响大气压力时，水槽内的水可能会被吸入坛内影响制品的品质，因而必须设法避免。每次揭盖取菜时也要注意勿使水槽内的水滴入坛内。为了安全起见可以在水槽内注入15%～20%的食盐水溶液，这样水槽内的水不易败坏，并且即使浸入坛内也不致影响坛内泡菜的风味。

泡菜成熟后最好及时取食。如果泡菜量大，一时又消费不完，宜适当补加食盐，装满新料，注水封口，即可较长期保存。但贮存时间太久，泡菜的酸度不断增加，组织也逐渐变软，影响泡菜的品质。家庭制作泡菜时，由于经常揭盖取食或未及时加入新鲜原料补充，坛内留有较大的空隙，空气也随之进入，因此在泡菜盐水表面常常长有一层白膜状微生物称为酒花酵母菌，属于好气性菌类，抗盐抗酸性较强，可分解乳酸，降低泡菜的酸度，使泡菜组织软化，并可能导致其他腐败菌的滋生，使泡菜品质变劣。补救的办法就是加入新鲜原料和同时放入大蒜、洋葱和胡萝卜，使坛内再次形成无氧状态即可制止。大蒜、洋葱均具有杀菌作用；胡萝卜所含的红色花青素亦有显著的杀菌作用。

在泡制和取食过程中切忌带入油脂类物质，因油脂类物质易被腐败性微生物分解而使泡菜变臭。

（2）酸　菜

结球甘蓝收获后晾晒1～2天或直接使用，去掉老叶，叶球过大划1～2刀，在沸水中烫1～2分钟，先烫叶帮后放入整株，使叶帮约透明为度，冷却或不冷却，放入缸或木桶内；也可将叶球切成丝状，直接放入缸或木桶内。然后排成辐射状放紧，加水或2%～3%的盐水，加压重石。以后由于水分渗出，原料体积缩小，可补填原料直到离缸或木桶口3～7厘米。自然发酵1～2个月后成熟，叶帮乳白色，叶肉黄色。保存冷凉处，烹调后食用。

（3）酱　渍

结球甘蓝叶球外叶和中心柱（内短缩茎）洗净、沥水后，把球叶分成单叶放入缸中盐渍7～10天后取出，放入盆中，加上重石压出卤水，然后把叶切成菱形方块或片状，肉质茎切成条状，用清水漂洗干净，榨干水分后拌入酱油、麻油、辣椒粉、五香粉等放进缸中密封，10天后即可食用或保存。

（4）脱水干制

选择结球甘蓝球叶翠绿叶片，洗净切成细条，放入加有0.2%～0.4%亚硫酸钠的开水中焯3～4分钟后沥水捞出，然后放在55℃～60℃的烘筛上烘干，长期保存，温水浸泡食用。

2. 贮　藏

结球甘蓝很耐贮藏，秋冬茬采收后可贮藏到翌年春季，对调节春淡供应起着一定作用。结球甘蓝贮藏适温为0℃～1℃。温度越高，越不耐贮藏，易导致叶球老化，脱水变黄，帮叶脱落，生霉腐烂，商品价值降低；温度过低会受冻害。

（1）堆　藏

冬季保留 4～5 片莲座叶采收叶球。为了防止或减少堆藏腐烂，可用 0.1%～0.2%托布津溶液涂抹收割茎切口，晾晒 1～2 小时后堆放，堆放长度为 10～12 米。冬季外界气温低于 0℃时，可用草帘覆盖，但注意通风。

（2）窖　藏

冬季结球甘蓝收获后，在田地挖窖贮藏。窖深 2～2.5 米，宽 3.5～4 米。窖藏菜保留 2～3 片外叶，防腐处理后，晾晒 5～7 天入窖，在窖内堆放成高 1.5 米左右、宽 1 米左右的条形垛，窖内控温 0℃～1℃。

（3）假植贮藏

选择地势高、地下水位低、土质粘重、保水力强的地方。东西方向挖沟，沟的宽度为 1～1.5 米，过宽会增大气温的影响，难以维持沟内稳定的低温。沟深度由当地最低气温和土温而定，原则上应比冻土层再深一些，以免菜体受冻。一般深 0.8～1 米，长度因贮藏量而定。将植株带根挖出，用外叶片拢包结球甘蓝叶球，用绳捆住，在假植沟内，开条形沟摆放植株，然后用土把根埋住。假植后灌水，保留外叶可继续向叶球转送养分，有利物质积累。假植沟内温度保持在 2℃～4℃。天气寒冷时，植株上面加盖草帘防冻，白天揭开，晚上盖帘。沟内要求长期保持湿润状态，但又不能让底层积水。为此，要注意适当浇水，埋根时要将覆土平整踏实，使灌水时水分均匀而缓慢地向下渗入。

（4）架　藏

将结球甘蓝直接一棵棵斜放在预先制成的贮藏架上，堆放的高度可视菜体的大小而定。一般以 2～3 棵菜高为宜。堆放时，上、下层间要留有一定的空隙，以利于通风散热。

（5）气调贮藏法

此法对控制结球甘蓝后熟，防止失水、失绿、脱帮、抽薹都有一定效果。贮藏温度在3℃～18℃之间时，氧气含量控制在2%～5%，二氧化碳在0～6%比较适宜。用此法可贮藏100天左右。

（九）结球甘蓝生产中存在的问题及解决途径

1. 未熟抽薹的起因及防止措施

春结球甘蓝未熟抽薹是指在春季栽培结球甘蓝时，结球甘蓝未结球以前，遇到一定的低温感应，或在幼苗期间就满足了它们的春化要求，将秧苗栽培以后，一旦遇到长日照，它就不能继续生长叶球，而易转入生殖生长、抽薹开花的现象，结果是降低或完全失掉其商品价值。主要由以下因素引起：

（1）不适宜播种期和定植期

早春栽培结球甘蓝品种不同，冬性强弱不同，对低温感应的苗龄大小、时间也不同。每个结球甘蓝早春栽培的品种在不同地区具有不同适宜播期，如果播种过早，定植时幼苗营养体生长过大，很容易接受低温感应，通过春化而抽薹。根据现有的资料，结球甘蓝通过阶段发育的特点是，在较低的温度（0℃～15℃）下，幼苗具有一定数目的叶片和一定的茎粗时，植株就可能通过春化。例如，越冬育苗的秋播中熟品种（秦甘80，京丰1号）茎粗为8毫米以上，真叶约12片左右；冬播早熟品种（中甘8398，秦甘8505）茎粗为6毫米以上，真叶约8片左右的幼苗就可接受低温感应，引起未熟抽薹。因而应选用比这些感应低温苗再稍小点的苗越冬为宜。适于春栽冬性较强的中熟品种如京丰1号、秦甘80等阳畦适宜播期，西北地区（陕西、甘肃）10月中下旬育苗，3月上旬定植；华北地区（北京、天津）12月下旬育苗，3月下旬定植；内蒙古3月中下旬育苗，5月初定植。冬性较弱的早熟品种如中甘8398、秦甘8505等，在气温较高的北方适宜栽培区，阳畦育苗在12月下旬至翌年1月上旬，3月下旬定植；内蒙古在2月上中旬温室育苗，4月下旬定植。播种过晚，苗若过小，虽不必担心抽薹，然而会影响上市期和产量；播期适宜，而定植过早，若遇"倒春寒"，也会引起未熟抽薹。因而，适期播种和定植是春结球甘蓝栽培成功的关键。

（2）冬性弱的品种遗传特性

结球甘蓝的不同品种，对低温感应和发生未熟抽薹的百分率有很大的差别。即使生育期相同的品种，因其品种特性的不同，对低温感应的苗龄大小和通过春化时间亦有明显的不同。这种品种特性是由遗传基因决定的（表3）。因此在播种同一熟性品种时，需区别对待，选择不同播期。

表3　结球甘蓝几个早熟品种未熟抽薹情况调查　（单位：%）

（西北农林科技大学蔬菜花卉研究所试验田）

品　种	1998年（倒春寒）	1999年（正常）
金早生	40.5	5.4
北京早熟	7.3	0
丹京早熟	19.8	3.5
迎　春	8.3	0
狄特409	11.2	2.1
中甘11号	31.2	1.2
秦菜2号甘蓝	9.5	0
牛心甘蓝	0	0

(3)土壤条件

结球甘蓝在不同土壤上的生长是有差异的，土壤种类不同，结球甘蓝生长发育速度不同。在同一定植期，沙性土壤栽培结球甘蓝生长速度快，成熟早，发生未熟抽薹率相对较高；粘性土壤栽培结球甘蓝一般生长发育慢，发生未熟抽薹率相对较低。结球甘蓝生长在肥沃土壤中茎叶生长旺盛，即使花芽已形成，也可抑制其生殖生长，减少未熟抽薹率。因此栽培春结球甘蓝时，根据不同土壤质地，选择适宜定植期。一般在土壤质地差、瘠薄土壤中栽培春结球甘蓝，相对定植晚点，可达防止或减少未熟抽薹发生。

(4)栽培管理

结球甘蓝春化接受低温感应需一定大小营养体(茎粗≥6毫米)，随着植株生长量的增加，营养体过大，通过春化阶段也较迅速。即使适期播种，因苗床肥水用量过大，特别是氮肥过多及床温过高，都会促使秧苗生长过大或徒长，过早达到低温感应营养体标准，也会发生未熟抽薹。因此在苗床管理中要适当控制肥水，培育壮苗。如果秧苗过大，可适当控制或降低苗床温度，或增加分苗次数来抑制幼苗过量生长，使幼苗在苗床越冬前或早春定植后保持健壮而不过大。但秧苗抑制不能过分，否则虽然不易未熟抽薹，但会降低产量、推迟采收，达不到提早栽培目的。当幼苗定植缓苗后，要加强肥水管理，促进营养生长，使春结球甘蓝早包球，早成球；防止过于干旱和缺肥而导致的未熟抽薹。

(5)异常气候因素

结球甘蓝适时播种定植后，如遇暖冬或春寒的反常气候也易引起未熟抽薹。当中熟品种越冬育苗时如遇暖冬，苗床温度过高，促使幼苗继续旺盛生长，结果苗体达到了春化感应低温的苗龄大小，易通过春化；当春季定植后，又发生春寒，即所谓“倒春寒”，气温较低，使生长较大的秧苗易通过春化阶段，这两种气候因素都可引起未熟抽薹。在春结球甘蓝栽培中，这些反常气候很难预测，所以只有随机应变地处理。应注意长期天气预报，及早采取防止春寒的保温措施。对越冬栽培或育苗，如遇暖冬，可进行大田断根或育苗床通风，控水、肥等措施抑制植株或秧苗的生长，必要时分苗 1 次，分苗对防止暖冬引起未熟抽薹起重要作用。因为分苗使幼苗根系受到了破坏，需要经过相当长的时间才能恢复过来，而地上部茎、叶的生长受到根系的制约，生长缓慢，可以把越冬生长的幼苗控制在感受春化的生理苗龄之下；另外分苗时对幼苗进行严格选择，使苗大小一致，生长一致，定植后防止争水、争肥，出现大小苗。对早春已定植田间生长到一定大小的苗，如遇春寒，有条件时可提前覆盖薄膜；另外在低温前或低温期间用邻氯苯丙酸(CIPP)400 倍液处理结球甘蓝生长点，可抑制抽薹(若低温过后处理反而会促进抽薹)。如在莲座期已发现抽薹迹象，可喷洒抽薹抑制剂，促进结球。据研究，在花芽分化前施用三碘苯甲酸(TIBA)、青鲜素(MH)、比久(B_9)、矮壮素(CCC)等，能促进花芽的形成；在花芽分化及抽薹开始时施用，可抑制或延迟抽薹。春结球甘蓝栽培如已经发生未熟抽薹，可切除顶芽，促使腋芽发育结小球，减少损失。

2. 干烧心的起因及防止措施

结球甘蓝干烧心是指结球初期或包球后，球叶边缘上出现变干黄化，叶肉呈干纸状，发病组织和正常组织之间界限分明。发生干烧心的叶片，不会继续生长，叶片在先端边缘向内弯曲，表面皱缩。干烧心严重时引起不能结球，轻时结球不紧实。

干烧心是一种生理病害，并非由于细菌、真菌、病毒侵袭所引起。主要是由植株缺钙所致。植株缺钙原因：其一，土壤本身缺钙；其二，由于氮肥施用过多、灌水不足或灌水水质不良，氯化物含量过高，致使土壤盐浓度过高，出现反渗透观象，抑制了钙素的吸收，而形成缺钙现象；其三，植株球叶内部的钙缺乏所致，虽然有大量的钙为根吸收，但只有很少一部分输送到叶球内部叶片中去。这是因为环境条件阻碍钙运转到叶球内部叶片的边缘组织，以致烧边。防止结球甘蓝干烧心发生，在栽培措施上，选择含钙多的田块，深耕、多施有机肥，增强土壤的保水力。在结球甘蓝生长中，如天气干燥，要及时灌水，且水质要好；同时防止土壤积水，影响根系吸收。追肥时，勿单一或过量追施氮肥，需结合灌水或根据土壤墒情，适量追施磷、钾肥，才可达到防止干烧心发生之目的。

3. 不结球或结球松散的起因及防止措施

结球甘蓝在正常的气候条件下，都会形成叶球。但在不正常的条件下，就容易发生不结球或结球松散的现象，失去食用价值或降低商品性。这种现象是引起结球甘蓝减产的一个重要因素。

（1）品种不纯

结球甘蓝与芸薹属种间杂交率很低（表 4），通常需人工杂交授粉上千朵花才可望获得 1 至数粒种子，而杂种种子又常常不能萌发，或萌发后幼苗早期夭亡，制种时不必担心种间混杂。但结球甘蓝与其变种间均易相互串花杂交。如结球甘蓝与花椰菜或球茎甘蓝之间发生天然杂交，它们之间杂交种

表 4　结球甘蓝(甘蓝)与芸薹属作物种间杂交的可交配性

杂交类型	杂　交　组　合	人工授粉 100 朵花获杂交种子数
基本种之间	甘蓝(CC)×黑芥(BB)	0～0.65
	黑芥(BB)×甘蓝(CC)	0～3.86
	甘蓝(CC)×白菜(AA)	0.0065～1.25
	白菜(AA)×甘蓝(CC)	0.15～7.50
基本种与复合种之间	甘蓝(CC)×埃塞俄比亚芥(BBCC)	0～0.37
	甘蓝(CC)×芥菜(AABB)	0～0.40
	甘蓝(CC)×甘蓝型油菜(AACC)	0～3.77
	埃塞俄比亚芥(BBCC)×甘蓝(CC)	2.02～6.45
	芥菜(AABB)×甘蓝(CC)	8.87～18.0
	甘蓝型油菜(AACC)×甘蓝(CC)	0～21.15

(文献集合)

子长成的植株往往不结球。因而结球甘蓝一代杂种制种时必须隔离,防止天然杂交,易相互杂交的变种、品种间须进行严格隔离。隔离距离在开阔地区应在 2 000 米以上,有屏障的地区在 1 000 米以上,才能保证甘蓝杂交种的纯度。另外一代杂种继续留种会产生许多重组类型,使一代杂种自交后代群体的遗传结构发生很大的分离变化,因而造成栽培田的混杂劣变,也会出现不结球或结球松散现象。所以,结球甘蓝栽培时,选用纯正的种子是保证高产的前提。

(2)播种和定植期遇异常气候

结球甘蓝播种期和定植期的选定与当地气候有密切的关系。同一地方地势高度不同,播种和定植期也不相同,海拔越高,春结球甘蓝播种和定植越晚(秋冬甘蓝相反),否则易引起未熟抽薹或叶球未包紧实而遇早霜。有时播种期是适当的,但生长及结球过程中气候反常，也会导致不结球或结球松散。在秋冬甘蓝结球期如遇到长时间阴雨天，使光照不足，结球甘蓝叶片光合同化物质积累少，土壤水分过多，土壤通气不良，都可出现不结球或结球松散现象。栽培结球甘蓝时，除反常气候较难防止外，对于同一地方，不同海拔高度，可根据气候因素选定提前或推迟播种和定植期。一般对秋冬甘蓝栽培海拔每升高 100 米，可提前 3～4 天播种，使秋冬甘蓝叶球形成处在昼热夜凉、光照充足的时期，并在早霜来临前完成营养生长期，达到防止不结球或结球松散的目的。

(3)肥水管理不当和病虫害

结球甘蓝栽培肥水供应不足或过量都会造成结球松散。因为适量追施氮肥，不仅加速了外叶的生长，而且延长了外叶的寿命，增强了植株的光合势，加速了球叶的充实；但氮肥施用过多，又缺乏钾肥，容易导致包球初期推后，延迟包球期，遇早霜和低温引起结球不良。土壤水分不足加上空气干燥，也易引起结球松散。据陕西省蔬菜研究所研究，秋冬甘蓝在叶球形成期间，最佳土壤含水量为 30%；土壤含水量达 40%时，叶球的重量反而较低；土壤含水量≤20%(即在干燥的条件)时甚至不结球。病虫危害，主要是害虫咬断植株生长点，蚕食叶片以及病毒病、黑腐病等病害引起叶片萎缩。由于减少叶片光合量，使叶球松散或不结球。因而栽培结球甘蓝时，既要施足基肥，也要分次追肥，特别在莲座叶生长期及结球期，都要有充足的肥水供给，并从播种到采收都要加强病虫防治。

(4)耐热性弱的品种高温期栽培

结球甘蓝的耐热性是由品种遗传基因决定的，品种不同其耐热性表现不同。一般品种在秋冬栽培都可结球紧实，但不耐热品种在温度较高的夏季栽培，也不能正常结球。因此夏结球甘蓝栽培时，需选择耐高温的品种。

（5）营养元素缺乏

在结球甘蓝生长过程中，缺钾，则叶缘变青铜色而干枯，叶球内部的叶片变小而弯曲；缺钙，则引起叶球内部叶缘腐烂、褐变而卷缩；两者都可引起结球松散。栽培时还需选择含钙多的土壤，基肥多用有机肥，增施钾肥等是防止这种结球松散的有效措施。

4. 裂球的起因及防止措施

结球甘蓝裂球是指叶球完全形成后，由于没有及时采收，引起结球后期出现叶球开裂；或因品种特性，未完全成熟而叶球开裂的现象。裂球的结果不但降低叶球的商品品质，而且因容易感染病菌而导致腐烂。

结球甘蓝裂球引起原因：其一，在叶球形成过程中，遇到高温及水分过多的环境，致使叶球的外侧叶片已充分成熟、而内部叶片继续再生长，于是产生裂球现象。其二，栽培季节和品种熟性不同引起。一般早熟品种在春季生长成熟后，或早、中熟品种在秋冬栽培时，定植过早，不及时采收，都可严重引起裂球；晚熟品种相对不太裂球。其三，品种特性和不同球形引起。一般尖头类型品种不易裂球，平头类型品种易裂球。防止裂球措施：①除考虑当地消费者习惯外，应选择尖头类型品种栽培；②适时定植，及时采收；③结球过程中肥水供应要均匀；④对于冬季气温较高地区，成熟叶球在田间越冬时，可割取外叶，减缓叶球内部叶片的生长，或采取切根的方法和菜农所谓“扭伤”处理。用双手抓住包好球的且有轻微破裂的叶球，使之左右晃动（松动就行）1～2 次，待须根被挣断即止，可抑制生长，达到防止裂球的目的。

5. 茎叶变紫的起因及防止措施

结球甘蓝茎叶变紫是指春结球甘蓝定植后或秋冬甘蓝结球后期，茎叶表现褪绿变紫现象。严重时可减少植株光合量，影响植株生长发育。

结球甘蓝茎叶变紫引起原因：其一，缺磷。春结球甘蓝定植后，由于伤根和灌水降温及外界气温较低，致使定植后秧苗的养分运转缓慢而缺乏磷素营养，在生态上表现出茎叶发紫。其二，春结球甘蓝定植后遇到春寒或秋冬甘蓝生长后期遇到低温，也可引起茎叶变紫，这是结球甘蓝对外界不良气温变化的反应。其三，品种制种时与其他品种混杂，如普通甘蓝与紫甘蓝串花杂交，后代杂种表现叶脉和茎呈紫红色。栽培结球甘蓝时，为了防止茎叶变紫发生，磷肥除在基肥中施足外，在结球甘蓝定植后和结球期分期进行叶面喷施磷酸二氢钾，不但可防止结球甘蓝茎叶变紫，并对结球甘蓝结球有良好的效果；在春季定植结球甘蓝时，尽量多带土坨定植，防止伤根，增强根系吸收功能；品种制种时保证一定的隔离区。这都是有效的防止措施。

三、花 椰 菜

花椰菜又称花菜、菜花。十字花科芸薹属蔬菜，为甘蓝类的一个主要变种，以肥嫩的花球为食。花椰菜原产于地中海东部沿岸，1490 年热那亚人将花椰菜从那凡德或塞浦路斯引入意大利，在那不勒斯湾周围地区繁殖种子。17 世纪传到德国、法国和英国。1822 年由英国传至印度，1875 年传至日本，19

世纪中叶传入中国南方。

(一) 花椰菜植物学特征

花椰菜由野生甘蓝进化而来,为一、二年生草本植物。从营养生长到生殖生长,一个生活周期需要两年栽培才能完成。第一年形成营养贮藏器官,经过冬季感受低温而通过春化阶段,第二年春季长日照适温下抽薹、开花、结籽完成生殖生长阶段。

1. 根

花椰菜属须根系作物,主根基部肥大,根系发达,与其上着生的侧根组成发达的圆锥状根群。根群主要分布在约30厘米深、60厘米宽的耕作层内。由于根系分布较浅,抗旱能力较差。根系再生能力强,容易发生不定根,适于育苗移栽。

2. 茎

花椰菜茎较长,分为短缩茎和伸长茎。连接花球和根的为短缩茎,短缩茎着生叶片,节间距2厘米左右,随着叶片的增加逐渐长高,形状多为圆柱状,营养生长期茎上腋芽不萌发,茎下部叶片脱落后有明显的茎秆;花球切割后,留下的短枝顶端伸长形成的茎为伸长茎,伸长茎上着生花枝,直立的是主花茎,在主花茎中上部发生侧花茎。

3. 叶

叶片为披针形或长卵形,一般比结球甘蓝狭长,先端尖,叶缘有钝锯齿,具有裂片,营养生长期有叶柄。叶色为绿色、浅绿色、深绿色和灰绿色。叶表面有蜡粉，可以减少叶面水分蒸腾。单株叶片总数因品种而异，一般有20～30片功能叶，构成叶丛。这些叶子以2/5的左旋式排列，即每5个叶子绕短缩茎2圈。在显花球时，心叶向中心自然卷曲，起保护花球作用。

4. 花　球

花椰菜花球是养分贮藏器官（即食用部分），它由发育畸形的花枝形成。花球由肥大的主轴和许多肉质的花梗及绒球状的花枝顶端所组成。着生在主轴上的花梗可从第一级着生至第五级，第一级上的第二、第三级花梗，基部是联合的，界限不明显，只能从无色的盾形苞片来区别；第四、第五级花梗明显；每个花球由50～60个五级花枝组成。花球球面呈左旋辐射轮纹排列，轮数为5。正常优质花球是半球形，花枝顶端质地紧密，表面呈颗粒状。单球重因品种而异，早熟者较轻，晚熟者较重。

5. 花

花椰菜为异花授粉作物，花球的花枝顶端继续分化形成正常花蕾，各级花梗伸长，抽薹开花。但只有一部分花枝顶端能正常开花，多数干瘪或因其他原因而败育。从顶芽抽出的花序为主花序，最先开花，腋芽抽伸的花序陆续从上向下顺次开花。花序为复总状花序，花由花梗（花柄）、花托、花萼、花冠、花蕊（雄蕊、雌蕊）组成，为完全花。花萼绿色或黄绿色，花瓣黄色或乳黄色，开花后"十"字形展开。每朵花有雄蕊6枚，分为2轮，外轮2个花丝较短，内轮4个花丝较长，称"四强雄蕊"；雌蕊位于花的中央，一般与内轮4个雄蕊等长；柱头位于顶端，以接受花粉，子房上位。

6. 果实和种子

花椰菜果实为长角果，扁圆柱状，表面光滑，由假隔膜分成2室，种子成排着生于假隔膜边缘。果实成熟前为绿色，可以进行光合作用，成熟后为黄色，干燥后爆裂；每个角果含种子15～18粒，种子圆球状，成熟前为绿色，成熟后为黑褐色或黄褐色，千粒重2.8～3.5克。开花时骤然霜冻，能引起单性结实，形成无种子肥胖空角。

（二）花椰菜生长发育过程

1. 生活周期

第一年是营养生长阶段。这一阶段植株在适宜的条件下根、茎、叶不断生长，最后顶端形成花球。冬季植株经过低温刺激通过春化，第二年春季母株开始抽薹、开花、结籽而完成生殖生长过程。

（1）营养生长时期

① 种子发芽期　从种子萌动到长出第一对真叶为发芽期。在15℃～20℃的温度下，播种后3～5天便可完成，低于这个温度则出苗缓慢，发芽期延长。

② 幼苗期　从2片真叶展开，到植株长到第七片真叶时为幼苗期，需30～35天。在这个阶段，植株叶片增多，叶面积逐渐增大，根和短缩茎逐步增粗，植株逐渐长大。

③ 莲座期　从植株第七片真叶到主茎顶端开始发育畸形花枝为莲座期，也称叶丛生长期，需40～60天。这个阶段叶数和叶面积迅速增加，茎也进一步增粗，形成强大的叶丛，大

量制造和积累养分。

④ 花球形成期　从花球初显到长成成熟花球，需30～50天，这一时期的长短，因品种熟性不同而有所差异。此时期是同化产物向花球转移，最终形成肥嫩花球的时期。

(2)生殖生长时期

① 抽薹花枝伸长期　从花球松散到花茎伸长，需25～30天。

② 开花期　从显蕾、开花到全株花谢，需25～30天。

③ 结荚期　从全株花谢到角果成熟，需20～40天。

2. 春化条件

花椰菜同结球甘蓝一样属于低温长日照作物，但日照长短的影响不如低温影响那么明显，从叶丛转变成花球和由花球再形成花芽而抽薹开花的过程，温度的刺激是主要的。早熟品种要求不严格，晚熟品种要求较严格。由营养生长转向生殖生长需要植株生长到一定大小时，感受低温作用而完成春化，因此也是“绿体或幼苗春化型”作物。这些特性同结球甘蓝一样，是它们在长期的进化过程中形成的。春化所要求的低温程度，依苗的大小和品种间的差异而有所不同。早熟品种要求温度高，晚熟品种要求温度低。其低温范围为5℃～23℃，以12℃～15℃的温度条件完成春化的速度较快。多数生育期长的晚熟品种长期在17℃以上的环境条件下很难通过春化。植株感受低温的苗龄状况，早熟品种茎粗在8毫米左右，中熟品种茎粗在10毫米左右，晚熟品种茎粗在15毫米左右。花椰菜完成春化作用所需的温度和时间条件不如结球甘蓝那样严格，有些品种可在种子萌发后就接受低温感应，有些生长到一定苗龄大小才能接受低温感应，如有些早熟品种在形成花球的条件下亦能顺利抽薹开花，有些晚熟品种在形成花球后还需经过一段低温时期才能正常抽薹开花。

（三）花椰菜生长发育需要的条件

花椰菜具有适应性广、耐寒性和耐热性较强等特性，对栽培环境条件要求不如结球甘蓝严格。

1. 温　度

花椰菜性喜温和、冷凉气候，既不耐炎热、干旱，又不耐低温、霜冻。其营养生长适宜温度一般在 8℃～24℃。发芽适温为 15℃～20℃，需 2～3 天即能出齐苗。刚出土的幼苗抗寒能力稍弱，幼苗稍大时，耐寒能力增强，能忍受较长期的 0℃～2℃；经过低温锻炼的幼苗，则可忍受短期－3℃低温；幼苗生长的适宜温度为 15℃～25℃，最高温度为 27℃；莲座叶生长适温为 20℃～25℃；花球生长适温为 18℃～20℃，在昼夜温差明显的条件下，有利于养分积累，花球生长良好；花球形成期，气温在 25℃以上时，特别在高温干旱下，同化作用降低，呼吸加强，物质积累减少，致使生长不良，基部叶易变黄，叶片呈船底形，茎节增长，叶面蜡粉增加，花椰菜花球形成停止，易形成青花或花球散开；当气温降到 8℃时，花球生长缓慢；气温在 5℃以下时，就容易产生紫花现象；0℃时花球易受冻害，颜色变褐，受冻后的花球容易腐烂。抽薹开花的适温为 15℃～20℃，10℃以下抽薹开花缓慢。结荚适温 20℃～25℃。

2. 水　分

花椰菜喜湿润环境，不耐干旱。组织中含水量为 92.6％，花球膨大期喜欢土壤水分多、空气湿润；在幼苗期和莲座期能忍耐一定的干旱气候。花椰菜的根系分布较浅，且叶片大，蒸发量多，要求相对空气湿度在80%～90%、土壤湿度75%～85%，其中尤其对土壤湿度的要求比较严格，如果保证了土壤水分的需要，即使空气湿度较低，植株也能生长良好；如果土壤水分不足，再加上空气干燥，在花球膨大期间，则易引起花球散开，无商品价值。如果雨水过多，土壤排水不良，又往往使根受到渍水的影响，易导致植株死亡。

3. 光　照

花椰菜属长日照喜光作物。在植株未完成春化过程的情况下，长日照有利于营养生长。对于光照强度的适应范围宽，光饱和点在3万～5万勒。在光照不足的条件下，幼苗茎节伸长，成为徒长高脚苗，莲座叶基部叶萎黄，易脱落。在花球膨大期，要求日照较短和光强较弱。一般在春、秋季节比夏、冬季节花球生长好。花椰菜的花球在阳光直射下，花球颜色易变黄，降低商品性。

4. 土壤和肥料

花椰菜对土壤的适应性较强，且可忍耐一定的盐碱性，要求土壤以中性到微酸性(pH值5.5～6.5)为好。酸性过度，除生育受阻外，其他必需元素，如硼、钼和镁的吸收也将受到阻碍，特别是缺硼时，常引起花茎中心开裂、内部空洞，严重时花球变锈褐色，味苦；缺钼时，植株新叶成鞭状，或叶片缺绿，叶面上产生许多水浸状斑点，而后黄化坏死成为孔洞，花蕾发育不良；缺镁时，叶子和莲座叶叶脉间变黄色。花椰菜是喜肥和耐肥作物，栽培上除选择保肥、保水性能好的肥沃土壤外，在生长期间还应施用较大量的肥料。据研究，花椰菜每生产1 000千克产品需吸收氮10.87千克，五氧化二磷7.70千克，氧化钾16.67千克，氧化钙24.99千克，氧化镁6.0千克。另外，花椰菜在不同生育阶段中对各种营养元素的要求比例不同，早期消耗氮素较多，到莲座期对氮素的需要量达到最高峰，花球形成前则消耗磷、钾较多，花球原始体分化到蕾期是钾需求特别多的时期。如氮肥充足，磷、钾肥适当，则花球产量高。

（四）花椰菜品种类型和品种简介

1. 品种生态类型

按生态特点可以分为春季生态型、秋季生态型和春秋季生态型3类。

（1）春季生态型

春季生态型品种的幼苗能在较低温度下正常生长、并通过春化；能在较高温度下形成花球。如荷兰早春、雪峰、耶尔福。

（2）秋季生态型

秋季生态型品种的幼苗能在较高温度下正常生长、并通过春化；能在较低的温度下形成花球。如洁丰70、荷兰雪球、日本雪山。

（3）春秋季生态型

春秋季生态型品种既能在春季栽培，也能在秋季栽培，即所谓的四季种。如云山、雪岭。

2. 品种熟期类型

按适宜苗龄在适宜生长条件下,从定植到花球成熟的生长天数,可分为早、中、晚熟 3 个基本品种类型。

(1)早熟品种

从定植到开始采收 40～60 天。植株较矮小,花球较小,单花球重 0.3～1.0 千克。较耐热,冬性弱。如白峰、雪峰、荷兰春早。

(2)中熟品种

从定植到开始采收 70～90 天。植株中等大小,外叶较多,花球较大,单花球重 1.0 千克以上。该类型耐热,冬性较强。如日本雪山、津雪 88、荷兰雪球。

(3)晚熟品种

从定植到开始采收 100 天以上。植株高大,生长势强,花球肥大,单花球重 1.5 千克以上。该品种类型耐寒,冬性强。如温州龙牌 110 天春菜花。

3. 品种简介

(1)荷兰春早

由中国农业科学院蔬菜花卉研究所从荷兰引进、经多代选择育成,早熟品种,从定植至花球收获 45～50 天。1992 年北京市审定。适宜春季栽培。每 667 平方米定植 3 500 株,产量 1 699～1 800 千克。植株高 42 厘米,开展度 52～54 厘米;外叶数 15 片,最大叶长 37 厘米、宽 23 厘米;叶色灰绿,蜡粉较多。花球圆形,洁白,紧密,不易散花,纵径约 8 厘米、横径约 15 厘米。单球重约 0.6 千克。

（2）白　峰

天津市蔬菜研究所育成的一代杂种，早熟品种，从定植到花球收获50～55天。1988年北京市和天津市审定。适于西北地区秋季栽培，华北、华东地区夏、秋季栽培，每667平方米定植3 500株左右，产量1 750～2 000千克。植株高59厘米左右，开展度58厘米；外叶数20片，叶片为宽披针形，最大叶长51厘米、宽25厘米；叶片深绿色，叶面平滑，蜡粉较少。花球洁白细嫩，纵径约9厘米、横径约16厘米。单球重约0.75千克。

（3）雪　峰

天津市蔬菜研究所育成，早熟品种，从定植到花球收获50～60天。适宜春季露地和保护地种植，每667平方米定植2 700～3 000株，产量2 000～2 500千克。植株高45厘米，开展度55厘米左右；外叶数20片左右，最大叶片长49厘米、宽25厘米，呈宽披针形；叶面微皱，叶色绿，蜡粉中等；花球扁圆球形，比较紧实，纵径10厘米、横径16厘米左右。单球重0.6～0.7千克。

（4）祁连白雪

甘肃省农业科学院蔬菜研究所育成，早熟品种，从定植到花球收获65天左右。适宜春、秋季露地和春季保护地栽培，每667平方米定植2 200株，产量2 000～2 500千克。株形松散，植株高54厘米，开展度60厘米左右；外叶数18～19片，呈长卵圆形，叶色深绿，蜡粉中等。花球球面平整、紧实，花枝粗短、肥大。单球重1.5千克左右。较抗病毒病和黑腐病。

（5）洁丰70

浙江省温州南方花椰菜研究所育成的一代杂种，中熟品种，从定植到花球收获70天左右。1989年温州市审定。适于我国各地秋季栽培，每 667 平方米定植 2 000～2 200 株，产量 1 200～1 500 千克。植株高 40 厘米左右，开展度 60～70 厘米；最大叶长 43 厘米左右，叶片为宽披针形，叶片浅色，叶面较平滑，蜡粉中等；花球洁白、致密、粒质细，鲜嫩略甜，无绒毛。花球纵径 10～14 厘米、横径 15～18 厘米。单球重 1.2～1.7 千克。

（6）荷兰雪球

由荷兰引进，经多代选择育成的常规中熟品种，从定植至花球收获 70 天左右。1984 年北京市认定，1987 年天津市认定，1989 年内蒙古自治区认定，1990 年河北省认定。适合于我国各地作为秋季栽培。每 667 平方米定植 2 600 株左右，产量 1 500 千克。植株长势强，株高 60 厘米左右，开展度 50 厘米左右。叶片长椭圆形，最大叶长 55 厘米；叶色深绿，蜡粉较厚。一般在第二十五片叶展开时出现花球，花球紧实，组织细密，颜色洁白，花球半圆球形。单球重 0.6 千克。耐热性及抗病性强。

（7）日本雪山

由中国种子公司从日本引进的一代杂种，晚熟品种，从定植至花球收获 70～85 天。1990 年河北省认定，1994 年国家认定。适于秋季栽培，长江流域春、秋季皆可栽培。每 667 平方米定植 2 200 株左右，产量 2 000～2 500 千克。植株长势强，株高 70 厘米左右，开展度 90 厘米左右。外叶数 23～25 片，最大叶长 63 厘米、宽 25 厘米左右；叶片披针形，叶色灰绿，叶面微皱，叶脉白绿色，蜡粉中等；花球高圆形，紧实，纵径 15 厘米、横径 18 厘米左右。单球重 1.2 千克。耐热性及抗病性强。

（8）津雪 88

天津市蔬菜研究所育成的一代杂种，中熟品种。春季栽培，从定植到收获 45 天左右；秋季栽培，从定植到花球收获

75 天左右。1996 年天津市审定。适宜春、秋季栽培。每 667 平方米定植 3 000～3 500 株，产量 3 000～3 500 千克。植株较直立，株形紧凑，植株高 50～70 厘米，开展度 55～77 厘米；外叶数 20～28 片，叶片绿色，蜡粉中等，呈披针形，内叶向内合抱；花球雪白，极紧实，花茎味甜可生食，品质优良。单球重 1.0～1.5 千克。

(9)耶尔福

由中国农业科学院蔬菜花卉研究所从也门引进的常规中熟品种，从定植至花球收获 70～80 天。1984 年北京市认定；1987 年山东省、天津市认定；1989 年内蒙古自治区认定。适合于我国华东、华北和西北等地春季栽培。每 667 平方米定植 2 000 株左右，产量 1 500 千克。植株长势中等，株高 40 厘米左右，开展度 50 厘米左右；叶片绿色，蜡粉中等，呈披针形。最大叶长 50 厘米、宽 20 厘米左右。约有 22 片叶时出现花球。花球半球形，纵径 11 厘米、横径 15 厘米左右。单球重 0.5 千克左右。耐寒性较强。

(10)云 山

天津市蔬菜研究所育成的一代杂种，中熟品种，从定植到花球收获 85 天左右。适宜春、秋季栽培，每 667 平方米定植 2 600 株左右，产量 4 000 千克以上。植株高 85 厘米，开展度 90 厘米；外叶数 30 片左右，叶片深绿色，蜡粉厚，呈阔披针形。花球雪白，紧实，呈半球形。平均单球重 1.8 千克。抗病性较强。

(11)温州龙牌 110 天春菜花

由浙江省温州市龙湾花椰菜良种繁育基地育成，晚熟品种，从定植到花球收获 110 天左右。适于春季栽培，每 667 平方米定植 3 000 株左右，产量 2 500 千克。植株高 45 厘米左右，开展度 70 厘米左右；最大叶长 35 厘米左右，宽 18 厘米左右；叶色绿色，叶片顶端微尖，叶缘锯齿明显；花球洁白，纵径约 14 厘米、横径 18 厘米左右。单球重约 1.5 千克左右。

（五）花椰菜周年生产技术

花椰菜栽培同结球甘蓝，宜选择有机质丰富、疏松肥沃、保肥、保水的壤土或砂壤土栽培；要求 2～4 年轮作倒茬，选择非十字花科作物作前茬，这样病虫害轻，花球品质优良、产量高。

花椰菜在北方的栽培面积很大，是一个主要蔬菜栽培种。适于温和季节栽培，把花球形成期安排在日均温度 18℃～20℃的月份生长较好。在北方各地气候条件差异比较大，可根据花椰菜对生长温度的不同要求，选择适宜品种和采取一定设施条件栽培。长江和黄河流域较华北、东北地区温度高，1 年可栽培 2～3 茬。在我国越往北部地区栽培，茬次越少，一般 1～2 茬。各地栽培一般要求把花椰菜的莲座期即叶丛形成期安排在温暖季节，把花球形成期安排在凉爽季节。一般栽培花椰菜时，早熟品种对温度反应较敏感，播种期幅度较狭窄，春季栽培不能播种过早，否则易形成早花现象；也不能播种过晚，过晚易遇高温花球生长小，这些都达不到栽培目的。中熟和晚熟品种对温度的反应不太敏感，但也应根据莲座叶和花球生长适宜温度，选择适宜时期播种。

北方地区花椰菜主要是春、秋两季种植。根据不同类型品种在发芽期和幼苗期有一定的抗寒力或耐热性的特性，为充分利用适宜的栽培季节，采用阳畦、温室等加温育苗措施，或采用遮阳网、荫棚等降温育苗措施，可在寒冷或高温季节提前育苗，延长栽培时期。春季栽培选用春花椰菜类型的品种，如津雪 88、荷兰春早、雪峰、祁连白雪等，露地或地膜覆盖栽培多于冬春播种育苗；如北方各地播种时间有差异，长江流域选用中晚熟品种阳畦育苗，一般 10 月下旬至 11 月上旬播种，温室或温床育苗 12 月上旬播种，早熟品种则需适当推迟 35～45 天；长江以北纬度越高，相应育苗期向 12 月份以后推迟。华北地区 10 月下旬至 12 月下旬阳畦育苗，翌年 3 月下旬定植；西北地区多于 12 月下旬至翌年 1 月上、中旬阳畦育苗，3 月中、下旬定植；津京地区于 1 月中、下旬阳畦育苗，3 月下旬至 4 月上旬定植；东北地区于 2 月下旬至 3 月下旬温室育苗，4 月下旬定植；中棚和大棚覆盖栽培播种和定植期比地膜覆盖栽培可提前 15～20 天。秋季栽培选用秋花椰菜类型的品种。如：日本雪山、洁丰 70、荷兰雪球、云山等。北方各地育苗期要求平均气温 25℃以上，结球期平均气温在 18℃左右，因而播期一般在 5 月中旬至 6 月下旬，定植期 6 月中旬至 7 月下旬。北方冬季较寒冷地区，晚秋露地气温过低，当花球未成熟时，为了延长鲜花球的供应期，可采用补充（假植）方法栽培。根据花椰菜假植能够使成株茎叶中的贮藏养分向花球转送的特点，选用中熟或晚熟品种，在秋季寒冷地区栽培正常播种或提前播种，温暖地区推迟 1 个月播种育苗都能达到高产栽培目的。

1. 春季栽培技术

（1）播种育苗

花椰菜春季栽培育苗方法同春结球甘蓝，育苗在寒冷季节，需加保温设施，一般采用阳畦、大棚或温室育苗。苗床要选在背风向阳，水源方便，距栽培田块较近地方。选用疏松细土做床土，以腐熟的有机肥做基肥，一般每平方米施腐熟厩肥20千克和磷钾复合肥0.2千克。播种前床土耙平、踏实，防止灌水后床土出现下沉裂缝，造成出苗不整齐。

①播种　花椰菜播种同结球甘蓝，但花椰菜的抗寒力比结球甘蓝差，播种花椰菜的育苗阳畦，保温性能要好一些，须在播前7天，盖塑料膜和草帘进行“烤床”升温。把苗床耙平后，浇足底水，待水下渗后均匀撒播种子。播后覆盖过筛细土1～1.5厘米厚，并盖上双层塑料薄膜或玻璃，夜间加盖草帘等以利出苗。出苗前，白天温度控制在20℃～25℃，夜间在10℃左右。

②苗期管理　整个苗期要注意水分管理，确保苗床湿润。床土偏干，或培养土营养贫乏，或长期温度偏低等情况，都会使花椰菜秧苗变成“小老苗”，失去栽培价值。播种出苗后，保温是关键，必要情况下还可加挡风障；齐苗后追1次速效肥料，并要适当通风，降低床内温度和湿度。通风时间宜选择晴天中午前后，随着苗生长，逐渐增大通风口和延长通风时间；如果夜间温度过低，则仍需盖严覆盖物，以防幼苗遭受冻害。

幼苗长至2～3片真叶时，进行分苗，但要比春结球甘蓝晚5～6天，因其抗寒性较结球甘蓝弱。分苗前2周，每平方米苗床施10千克腐熟有机肥，盖严塑料薄膜，夜间覆盖草帘等以提高地温。分苗方法同春结球甘蓝。分苗后5天内，苗床不通风，白天保持20℃，夜间保持10℃～20℃，以促缓苗。缓苗后，则开始通风降温，使床内温度白天保持20℃左右，夜间保持5℃左右。随着外界气温的升高，逐渐加大通风量。定植前10～15天，逐渐减少夜间覆盖物，白天揭膜炼苗，增强秧苗的适应能力和抗逆性。

(2)整地施肥

选择疏松肥沃、保水力强的田块，提前深翻、整地做畦，施基肥。每667平方米施腐熟有机肥4 000～7 000千克，磷钾复合肥20～30千克，硼、钼微肥2～3千克。栽培生育期短的早熟品种，基肥应以速效肥为主，如选用复合肥或粪肥加尿素混合施用；生育期长的中、晚熟品种，基肥以厩肥为主，配合施用磷、钾肥。春季多选用平畦栽培。

(3)定　植

春季栽培采用平畦和半高垄栽培，每667平方米栽早熟品种3 000～3 500株，中熟品种2 500～2 700株，晚熟品种2 000株左右。当幼苗生长有6叶1心，露地地温达10℃以上时定植。定植不宜过早，过早因地温低，气温多变，缓苗慢，生长慢，植株定植后会发生“早期现球”现象；定植过晚，则成熟期拖后，栽培效益低。定植前5～6天揭去苗床覆盖物，使秧苗适应露地气候。定植要求带完好土坨，少伤根，缓苗时间短，有利植株生长；定植苗龄不宜过大，否则易使植株老化，定植后缓苗慢。

(4)田间管理

①追　肥　追肥与基肥一样，对不同熟性品种选不同肥料追施，分别在莲座中期和后期、花球形成初期和中期，共追4次肥，其中花球初现应重施追肥，促进花球与叶丛同步生长。早熟品种生长期短，生长迅速，对肥要求迫切，一般用速效肥，如尿素等分期勤施，每次每667平方米施尿素10～15千克，一促到底；中、晚熟品种生长期较长，从莲座期开始，用速效肥结合长效肥如尿素、腐熟大粪或鸡粪交替分期施用，每次每667平方米施尿素15～20千克或粪肥400～500千克。花球开始形成时，紧靠花球一层叶片色泽较浅或蜡粉明显，这是

花球发生的标志，此时应加大施肥量，每667平方米施复合肥30～50千克，尿素15～20千克，或粪稀1 500～2 000千克。土壤有效微肥缺少临界值硼是0.3毫克/千克，钼是0.2毫克/千克。若土壤缺硼和钼时，则每667平方米施硼砂0.5千克或根外追施0.5%的硼砂水溶液50千克、钼酸铵0.3千克或0.1%钼酸铵水溶液50千克。

② 灌 水 春花椰菜定植后以促为主，不宜长蹲苗，在整个生长过程中需要水分较多。春季栽培生长前期温度低，可相隔10～12天灌1次水，并可结合灌水追肥。花球形成后期和采收期，气温升高，蒸发量大，需水量大增，这时应多灌水，2次灌水相隔6～7天。如此时灌水不足，则会散花和影响产量。灌水不能大水漫灌，有积水时，及时排掉。

③ 中耕除草 与春结球甘蓝基本相同。缓苗后中耕2次，促使根系生长，防止茎叶徒长，否则花球很小，也易散花。当花球直径2～3厘米大小，停止中耕或防止深中耕。在花椰菜莲座叶封垄前最后一次中耕时，可结合中耕进行培土，防止植株后期倒伏。

④ 束 叶 当花球直径长到5厘米时，进行束叶，即把花球周围的叶子向里折2～3片或将上部叶子用绳子束在一起，避免阳光直射，以提高花球品质。若花球暴露在阳光下，容易使花球由白色变成淡黄色，进而变成紫绿色，并可生成小叶，使品质和商品性下降。束叶后需要经常检查，以防露光。束叶不可过早、过紧，以免妨碍花球生长。

(5)采 收

花球充分长大，表面圆正，边缘尚未散开时及时采收。采收过早产量低，过迟则花球松散、品质降低。采收时在花球下带几片叶子割下，这样可在运输中保护花球。由于花球成熟不一致，可每隔 1 天采收 1 次。

2. 秋季栽培技术

（1）播种育苗

秋季花椰菜育苗方法同秋冬甘蓝。选择适宜播期是秋季栽培的关键技术之一。播种过早，病害严重，花球形成早，不利贮藏；过晚，植株生长天数减少，花球小，产量低。秋花椰菜栽培应视当地气候条件合理安排播期。

① 播　种　采用点播和撒播育苗方法。育苗苗床应选择在排灌方便、通风阴凉、两年内未种过十字花科蔬菜、土壤肥沃的田块上。床土深翻后，充分暴晒。每 10 平方米施腐熟过筛的有机肥 80～120 千克，翻后耙平做畦，育苗畦宽 1.2 米。播种前 3 天，每平方米施 3%的米乐尔 2 克，或 90%的晶体敌百虫 3 克，以防地下害虫（如种子包衣则不必进行苗床杀虫、杀菌）。播种前浇足底水，待水渗下后撒播或把苗床按 8 厘米的距离划成方格，每格点播 1 粒种子。播后，随即覆盖 0.8～1.0 厘米厚的过筛细土，并用麦秸或草帘等平盖苗床，起保墒、降温、防雨作用。

② 苗期管理　防徒长、防晒、保证苗量、培育壮苗是关键。播后 2～3 天出苗，齐苗后立即揭去覆盖物，以防幼苗徒长或与草帘、麦秸等缠绕，损伤幼苗。揭帘后，如果遇到大雨或高温天气，用遮阳网搭 1 米高的遮阳棚或缓冲雨水棚。整个苗期，不能控水，当幼苗子叶展开，于灌水后在苗床薄覆腐殖质细土 1～2 次，避免根茎倒伏，保持土壤湿度，还可以降低床温，调节幼苗周围小气候。苗床要保持土壤湿润，确保 3～5 天浇 1 次水，下雨则间隔长一些，以防积水，发生苗病。出苗后第一片真叶展开时，进行第一次间苗，适当间拔过密的苗，苗距

2～3 厘米为宜。为保证幼苗健壮生长，间苗后可按每平方米苗床施尿素或硫酸铵 0.02 千克，并灌水。2～3 片真叶时再间苗 1 次，苗距 5～6 厘米。如果有条件，最好当苗 2～3 片真叶时分 1 次苗，分苗的苗距为 10 厘米见方，方法同春结球甘蓝。分苗期正值夏季高温炎热时期，要边起苗，边栽苗，边灌水，并用遮阳网遮盖，缓苗后撤去。苗期还可叶面喷施 0.2%磷酸二氢钾 1～2 次，及时清除田间杂草，防治病虫，培育壮苗。

(2)整　地

选择有机质丰富，疏松肥沃，地势较高，排灌方便，前茬为番茄、马铃薯、瓜类、豆类、大蒜等作物的地块，忌与十字花科连作。定植前深翻晒土，每 667 平方米施腐熟有机肥 4 000～5 000 千克、磷钾复合肥 50 千克，硼砂和钼酸铵各 1 千克，深翻，耙平做畦。秋季多采用平畦和半高垄栽培。雨水多的地区，半高垄栽培最好，因花椰菜根系耐涝力较差。

(3)定　植

当幼苗长有 6～7 片真叶时，要适时定植，早熟品种 5～6 片真叶可定植，忌用大龄徒长苗。定植密度因品种而定。一般早熟品种，行距 40～50 厘米，株距 35～40 厘米；中熟和晚熟品种行距 65～70 厘米，株距 45～55 厘米。秋季栽培，定植时正值高温季节，为提高成活率和减少缓苗时间，通常于下午或阴天带土坨定植，定植时，埋住土坨即可，边栽边浇水。定植后每隔 2～3 天浇水 1 次，以利缓苗。

(4)大田管理

①灌　水　花椰菜喜湿润气候，高温栽培忌土壤干燥。因此在整个生长期都要保持土壤湿润。秋季栽培，植株生长前期处于高温多雨季节，既要防旱，又要防涝；在莲座期的中后期和花球生长期，需水量大，每 6～7 天浇水 1 次，且水量要充

足，但不要大水漫灌。莲座期如遇大暴雨，要及时排水，雨停后用井水再灌 1 次，增加土壤通气性；另外，每次追肥时都要及时灌水，如果对花椰菜进行贮藏，则采收前 1 周停止灌水。

②追　肥　植株缓苗成活后应立即追第一次肥，每 667 平方米追施尿素或硫酸铵 10～15 千克；植株开始进入莲座期时，第二次追肥，每 667 平方米追施尿素 15 千克或硫酸铵 20 千克；植株快封垄时，第三次追肥，需重施，每 667 平方米追施复合肥 60 千克；花球形成期，每 667 平方米施尿素 25 千克或随水追施腐熟人粪尿 800～1 000 千克，此期共 2 次追施。在花球形成前期，叶面喷施 0.2%磷酸二氢钾 2～3 次，有利植株生长。如植株缺硼、钼肥，可采用根外追肥，每隔 7～10 天在叶面喷施 0.5%的硼砂溶液和 0.2%的钼酸铵溶液。

③中耕除草　定植缓苗后，浅中耕 1～2 次；莲座中期结合穴施追肥浅中耕 1 次；莲座后期最后一次中耕追肥，并向植株基部培土，防止伤叶，田块有杂草可用手拔除。

④束　叶　虽然花球形成时，秋季光照比春季弱，但仍需束叶。在花球刚开始形成时，由于花球顶部空间较大，应把花球周围的叶子向里折断 3～4 片，或将 3～4 片叶子束起来，遮住花球，保持花球洁白。

⑤补充栽培　也称假植栽培。北方高寒地区，在寒流来临之前，花球尚未充分成熟，可采用"补充栽培"法，将植株连根挖起，密植于改良阳畦、大棚或温室等防冻保温设施中，使花球进一步长大。

(5)采　收

当花球充分长大，表面圆正，边缘尚未散开达到品种标准时，及时采收。采收时花球上留 3～4 片小叶子，以保护花球，并便于贮藏和运输。采后防止冻害。

3. 春覆盖栽培技术

春季覆盖栽培主要是在春淡时期上市，此时栽培经济效益好，因而栽培面积较广。春覆盖栽培有地膜、小棚、大棚等栽培方式。品种多选择春季生态型，即幼苗能在较低温度下正常生长、植株能在较高温度下形成花球的品种。

(1)播种育苗

中、晚熟品种10月下旬冷床育苗或11月上中旬温室育苗。早熟品种播种期相对迟些，通常12月份～翌年1月上旬温室育苗。

①播　种　苗床准备及播种方式同春花椰菜。

②苗期管理　培育壮苗的关键技术是调节温度。出苗前，白天温度控制在20℃～25℃，夜间温度控制在10℃左右。出苗后，如苗床温度和湿度过高，则适当通风。通风时间应选在晴天中午前后，通风口和通风时间应逐渐增加和延长，保证温度白天在20℃，夜间在5℃左右。草帘等覆盖物应早揭晚盖，尽量增加光照强度和光照时间，防止幼苗徒长。尽量控制灌水，苗床保持湿润即可，如土壤缺水应选晴天上午进行浇水。分苗方法及分苗床管理同春花椰菜。地膜栽培定植前15天，应逐渐揭开苗床覆盖物和薄膜炼苗。

(2)定　植

西部地区，大、小棚栽培于2月下旬至3月上旬定植，地膜栽培定植时间相对推迟，当幼苗生长有6片真叶时定植。定植密度视品种而定。定植前半月，深翻、晒垡、整地做畦，施基肥，每667平方米施腐熟有机肥5000千克，磷钾复合肥25千克左右。地膜或大棚栽培，要在定植前5～6天覆盖地膜或塑料薄膜，以提高地温和棚温，地膜栽培定植时开定植穴，每畦

2行，定植后，灌足水。小棚栽培定植后先搭棚再灌水。大、小棚栽培灌足水后，立即盖严棚膜，闷棚1周。缓苗后，开始通风，使棚内温度白天保持在15℃～20℃，夜间控制在5℃～10℃。随着气温的升高，通风口逐渐加大。通风时间一般在晴天上午9时到下午4时左右，棚温达25℃～30℃，白天应大揭膜，以防烧苗，3月底撤掉棚膜。

其他栽培技术同春花椰菜。

4. 秋覆盖栽培技术

秋覆盖栽培有小棚、中棚等栽培方式。品种多选择秋季生态型，即幼苗能在较高温度下正常生长，植株能在较低温度下形成花球的品种。

（1）播种育苗

花椰菜秋季覆盖栽培的目的是能够在冬春供应市场，特别是在元旦、春节期间。因而播期十分重要。一般陕西在7月中、下旬播种。

① 播　种　苗床准备及播种方式同秋花椰菜。

② 苗期管理　秋覆盖栽培苗期正值夏季高温多暴雨时节，培育壮苗的关键技术是降温、保湿、防晒、防暴雨。播种后，覆过筛灭菌床土1～1.5厘米厚，然后平盖草帘或遮阳网，降低苗床温度，防止苗床干裂板结。播后2～3天勤查看苗床。齐苗后及时揭去覆盖物，以防幼苗徒长，或与覆盖物缠绕而损伤幼苗。草帘或遮阳网应于下午揭去，以防闪苗。苗期如遇暴雨或高温天气，则需用遮阳网搭1米高的遮荫棚，保护幼苗不受损伤。整个苗期要保持苗床湿润，3～5天灌水1次。及时间苗除草，保证幼苗有足够的营养面积。可分别于2叶期、3叶期、4叶期各间苗1次。

(2)定　植

当植株6～8片真叶时定植。定植密度因品种而异。时间应选择阴天或下午带土坨定植。边栽、边浇、边遮荫,以提高成活率和减少缓苗时间。

(3)大田管理

定植以后的9、10两个月,陕西日平均气温在15℃～22℃,正是花椰菜生长的最好季节。到了11月份日平均气温在8℃～10℃并逐渐降低,此时温度不能满足花椰菜花球生长的要求,须采取保温措施,一般在11月上旬搭中、小棚覆盖,在晴天中午注意通风2～4小时,早晚注意保温。

其他栽培技术同秋花椰菜。

(六)花椰菜留种

花椰菜的种子分为春、秋季两种播种方法留种。春播留种选择适宜春季栽培的春花椰菜品种,按照北方各地正常栽培时期,培养商品成熟花球后,依照品种标准株选,并割除花球,留茎叶诱导不定芽扦插留种。秋播留种分成株(温室)留种和半成株(阳畦、小拱棚和露地)留种。

1. 春播留种

(1)种株选择和不定芽培育

春花椰菜大花球的培育技术,与菜用栽培完全相同。西北地区一般是10月中旬前后播种育苗,11月中旬分苗于阳畦,保护越冬。3月上旬幼苗长出6～8片真叶时定植于大田,加强水肥管理,促进花球发育。6月上旬花球成熟收获时,严格选择符合品种标准性状的优良植株。对入选植株保留短缩茎下部6～7片健壮叶，将茎上部连同花球一起割去，待伤口愈合后带大土坨集中移栽到另一田块，缓苗后15～20天会发生许多不定芽；也可割球后在种株北侧扒坑，用水冲刷出老根暴露在空气之中，15～20天后也会发生许多不定芽。7月下中旬不定芽长度达6～7厘米时，选健壮者扦插。

（2）扦　插

扦插床与结球甘蓝扦插床相同，要建在排灌方便、空旷不窝风的地方，以通透性良好的砂质壤土作床土，灌透水后扦插，株行距各为10厘米左右。扦插后用草帘或苇帘遮荫，成活后逐渐撤去草帘或苇帘。为扩大营养面积，8月上旬幼苗长出8～9片叶时移栽1次，株行距各为25厘米左右。

（3）温室留种

10月下旬将带有25厘米见方大土坨的种株移栽到温室，此时已经显球，此后可按花椰菜秋播留种（后面介绍）中的温室管理方法进行管理。12月下旬花枝陆续抽出，开花后人工授粉；2月中旬以后，外界气温已经回升，要逐步加大通风量，延长通风时间，将温室温度控制在25℃以下；3月中旬前后种子成熟收获。花椰菜春播采种种子生产周期长，技术难度大，可一次大量生产，分年使用。

2. 秋播留种

秋季栽培因播期不同，种株和花球抽薹开花前大小不同，又分成株（温室）留种和半成株（阳畦、小拱棚和露地）留种。秋成株温室留种由于冬前长成的成熟花球种株移栽到温室时伤根过多，已老化的根系恢复生长较慢，较长时间内叶面水分蒸腾超过根系吸收，故许多叶片因缺水而枯萎脱落，光合作用显著降低，养分供应严重不足，花蕾干枯，花朵脱落，许多种子发育不良，产量低而不稳。因而加强温度、水、肥管理是关键，技术措施到位是成功条件。

(1)秋成株温室留种

①种株培育　种株培育方法和菜用秋花椰菜栽培完全相同。一般应在6月中旬至7月上旬播种育苗，播后20～30天幼苗长出3～5片真叶时分苗。为防止烈日、暴雨危害，一般从出苗到第一片真叶展开，从分苗到成活，要用苇席等遮荫保苗。当幼苗长出7～8片真叶时，带土坨定植于大田，株距50厘米，行距66厘米，定植后马上灌水。花椰菜主要依靠茎、叶光合产物和根吸收的矿物质使花球肥大。灌过缓苗水后应中耕蹲苗，促进根系发育，防止“疯秧”；花球直径达到2～3厘米时结束蹲苗，水肥齐攻。花椰菜需肥量大，除施足底肥外，还应按需肥规律分期追肥2～3次。但采种花椰菜的花球不宜过于肥嫩，否则极易引起腐烂。氮肥不宜施用过多，要多施磷、钾肥。花椰菜怕旱，也怕涝，应小水勤灌，保持地面湿润，不可大水漫灌，以免田间积水。

②种株选择　9月下旬或10月上、中旬花球成熟收获时，按品种的标准性状严格选择优株。一般应选株形紧凑、叶丛发育良好、叶数适中、着生密集、短缩茎细而直、花球硕大肥厚、紧实、洁白、不散球、球内不夹生紫色或绿色小叶、花球肉质、花梗上苞片退化彻底的植株。为保护品种基因库的完整性，增强对环境的缓冲能力，也为一次生产较多种子分年使用，减少繁殖次数，只要条件许可，就应尽量多选优株，最少也应在50株左右。

③温室移栽　秋花椰菜收获后不久即进入严冬，只有将入选的种株移栽到温室，才能抽枝、开花、结籽。花椰菜无茎生叶，全靠花球下的老叶制造养分，供种株开花和种子发育。保

住老叶在移栽后不脱落或少脱落，是提高种子产量和饱满度的关键所在。为减少落叶，要严格保护根系，尽量缩短缓苗期。因此移栽时每个种株必须带有 30 厘米见方的土坨，挖取种株时先束起外叶，后从距株茎 15 厘米的三个侧面下挖 30 厘米，使土坨三面在阳光下暴露几天，促进根系伤口愈合，土坨湿度应为 60%～70%，以免移栽中散坨。先在温室中按 50 厘米行距挖栽植沟，沟深、沟宽各 30 厘米，然后将带大土坨的种株，按 40 厘米株距摆入沟内，填半沟土后浇透水，水渗完后立即用细土将沟填平。这样既保证了根系较大的土壤湿度，利于缓苗，又不使温室内空气湿度过大，防止了花球腐烂。大约 10 天左右种株缓苗，结合灌缓苗水，可施少量氮肥。

④ *花枝花蕾形成期管理* 种株缓苗后开始散球，短缩肥嫩的花枝逐渐伸长，由白变黄、变绿，而后形成正常的花枝；花原始体由白变黄、变紫、变绿，逐渐形成成熟的花蕾，历时 20 天左右。此期主要管理措施是：

割球：花椰菜花球厚实而紧密的品种，通常不易抽薹或花枝延长生长困难，缓苗后需及时割去大部分花枝，才能刺激其余花枝正常抽生。由于花球是一个短缩的复总状花序，花球边缘的花枝就是复总状花序的中下部花枝，最先延长抽生，最先开花结籽；而花球顶部中央的花枝就是复总状花序的上部花枝，抽生最迟，而且很难形成健壮花枝和正常花蕾。一般割去花球中央部分的 1/3 或 2/5，仅保留边缘部位的花枝。割球应在晴天中午进行，切口要又小又平，割后立即在切口处撒硫黄粉或代森锌粉，以免伤口感染引起烂球。割球前、后各 4～5 天内不要灌水，加强通风，降低室内湿度，促进伤口愈合。对于冬性过强、经割球处理也不易抽薹的品种，可把茎基部北侧的土壤扒开，露出根的上部，促使根部的不定芽萌发成植株，以小株进行留种。

调温控水：种株移入温室后天气逐渐变冷，既要防止高温高湿引起花球腐烂，又要防止低温寒冷引起花球冻害。一般花球冻害在花球期或短期内是不易表现的，但当抽薹时极易腐烂，因此要严格调控温室温度和湿度，使白天气温不高于25℃，夜间不低于5℃，空气相对湿度不高于80%。为形成健壮、粗短的花枝和数量多，大小一致的花蕾，还要少灌水、勤中耕、适当蹲苗，否则花原始体在形成花蕾过程中，常因花枝徒长而中途停止发育，甚至干枯死亡。

疏枝搭架：花椰菜花枝过多，为节约养分，改善通风透光条件，在花枝长达20～30厘米时，要疏除瘦弱、细短的花枝，感病、腐烂的花枝，及花蕾发育不良的花枝。同时拔除短缩茎叶腋中发生侧枝的植株，每个种株一般只保留健壮花枝5～6个。花椰菜花枝长而纤细，疏枝后及时搭架固定，以免倒伏或折断。

⑤ 开花结荚期管理　花蕾成熟后即可开花，花椰菜开花之前大多数花蕾已同时形成，所以开花集中，花期较短，始花期2～3天，盛花期15～20天，终花期4～5天，整个花期约30天。花期结束后进入绿荚期（约30天）和黄荚期（5～10天）。开花结荚期主要管理措施是：

防寒保温：西北地区秋花椰菜成株留种时，要求10月中、下旬将大花球种株栽入温室，12月下旬开始开花，3月中下旬种子成熟。为确保种株能在严寒的冬季开花结籽，防寒保温应是开花结荚期温室管理的中心。一般从11月中旬起，随着气温的下降，自上而下逐渐给温室屋面加盖玻璃，在外界温度接近0℃时将玻璃盖严。随着外界温度的继续降低，要适时加盖草帘防寒，有寒流时生火加温，下雪后及时清除屋面积雪，总之要采取各种措施使室温白天保持 20℃～25℃，夜间不低于 10℃，以利于开花结籽。在防寒保温的同时，要十分重视通风排湿工作，否则花球易腐烂，并易诱发黑腐病、黑斑病、霜霉病等，导致叶片枯黄脱落。通风应在 10 点以后进行，通风时间长短、通风量大小，要根据外界气温变化情况灵活掌握。在不影响室内温度的条件下，白天尽量揭帘见光，以免叶片发黄。

灌水施肥：由于花椰菜花期较短，结荚期较长，需肥量大，所以常在花蕾呈绿色、即将开放时重施氮磷复合肥 1 次，每 667 平方米 20～25 千克；花期结束后每 667 平方米再施复合肥 5～10 千克；硼肥有促进甘蓝类受精和有利碳水化合物向种荚运输的作用，可提高种子的产量和质量，因此可在盛花期用 0.2％硼酸溶液进行种株叶面追肥 1～2 次。温室内蒸发量较小，可每 8～10 天灌水 1 次。种角挂黄以后停止灌水，促进成熟。

人工授粉：种株在严冬季节开花，温室内无媒介昆虫活动，需人工授粉才能结籽。用洁净毛笔或蜂棒从已开放的多个种株花朵雄蕊上蘸取花粉，涂抹在另一植株已开花的柱头上。如繁殖杂种一代亲本自交不亲和系，相同结球甘蓝剥蕾授粉。通常只在一个种株授粉几朵花，就转到另一种株授粉，直到将每个种株上已开放的花朵或花蕾全部授完。由于采粉和授粉是同时完成的，故株间交叉授粉就是混合授粉。混合授粉结籽较多，后代生活力强。

⑥ 种子收获　大部分种角变黄后收割花枝，放在通风处干燥，种角全部黄后脱粒。

(2)秋半成株阳畦或小拱棚留种

① 播种育苗　阳畦或小拱棚小株留种能否成功，关键在

于播种期是否适当。最适宜的播种期，是能将种株的盛花期安排在当地旬平均气温在15℃～20℃的一段时间里。据西北地区(陕西省)多年观察，花椰菜如果4月上旬开花，因旬平均气温仅12.3℃，开花后结籽很少；4月中旬到5月中旬开花，旬平均气温已达14.2℃～19℃，结籽最多；5月下旬，旬平均气温已上升到21.1℃，开花后不结籽或极少结籽。因而西北地区(陕西)花椰菜中熟品种在8月20～25日播种，早熟品种在9月上旬播种，以便花期处于4月中旬到5月中旬的最佳温度条件之下。播种过早，冬前已形成较大的花球，在阳畦或小拱棚中越冬极易受冻腐烂，同时因早期显球的种株营养体小，翌春抽出的花枝纤细瘦弱，开花时气温偏低，受精不良，种子产量很低。播种过迟，种株生长旺盛，显球很晚，花期后延，盛花期处于20℃以上连续高温之下，只开花不结籽。播种后约1个月，幼苗长出3～4片真叶时露地分苗，株行距分别为10厘米，缓苗后灌稀粪水1次，合墒中耕，7～8天施少量氮肥，促进生长，待定植时应培育出有6～7片真叶的健壮大苗。

② 冬前管理　立冬前后天气即将变冷，应将种株定植在阳畦之中，行距为33厘米，株距30厘米。结合定植，严格去杂去劣，或直接覆盖小拱棚。在阳畦中为了加快缓苗，定植时幼苗要多带宿土，定植后马上灌水。缓苗后结合灌水施适量氮肥，然后中耕蹲苗，促进根系发育。到种株叶片停止生长时，应培育出有9～10片叶的壮苗。小拱棚注意施肥培土和冬灌，使幼苗冬前生长健壮，增强抗寒能力。

③ 越冬期管理　种株越冬期内，一般不灌水施肥，只防寒保温，使畦或棚内温度保持在0℃～5℃即可。冬季夜温已降至0℃时，应在畦面或棚上加盖草帘，白天气温在0℃以上时应揭帘见光。以后要根据温度高低、天气阴晴，灵活掌握盖

草帘厚度和揭草帘的时间。在不遭受冻害的前提下，应尽量延长光照时间，以免叶片黄化脱落。初春2月上旬种株显球后，更要注意防寒保温，绝不可使畦或棚内温度降低到0℃以下，不可使覆盖物上的水滴溅落在花球上，否则花球腐烂。进入3月中旬以后，天气已暖，花球逐渐抽出花枝，此时可沿东西方向在阳畦上架起高约1米的铁丝，供夜间盖薄膜或苇帘等物防霜，小拱棚加强通风。种株土壤干旱，可适当灌小水1次，合墒中耕，以提高地温。4月中旬晚霜结束后撤去覆盖物。

④ 开花结荚期管理　4月中旬以后气温已高，种株陆续进入开花结荚期。开花结荚期需大量水、肥，缺水少肥常使花序表现出明显的"循环性不稳"，结荚率大大降低。同时角荚中种子发育不良，常形成瘦小秕籽，产量、质量显著降低。花椰菜花期较短，追肥宜早不宜迟，一般当大多数种株已无紫蕾，绿蕾尚未开放的时候，可每667平方米施氮磷复合肥20～25千克，每3～4天灌水1次，保持地面湿润。花椰菜角荚成熟缓慢，为提高种子饱满度，可在花期结束时，每667平方米施氮磷复合肥10千克。此后逐渐减少灌水次数，但不可干旱，特别是种子灌浆期不可干旱，否则秕籽增多。当部分角荚挂黄后可停止灌水，促进种子成熟。

⑤ 防杂保纯　种株开花前严格检查隔离条件，留种阳畦或小拱棚田块周围2 000米范围内，不得有甘蓝类其他品种等的留种田，即使菜用生产田，若有未熟抽薹的植株，也要及时拔除干净。

⑥ 种子收获　大多数种角变黄后可全收割，在晒场上晾几天后脱粒，及时清选、晒种，种子含水量低于8%后入库。

(3)秋半成株露地留种

北方冬季比较温暖地区，可选用平畦育苗露地半成株留种(同结球甘蓝秋半成株留种)。西北地区花椰菜的中、晚熟品种于8月中旬、早熟品种于9月中旬播种，当幼苗生长3～4片真叶时分苗1次，株、行距皆为10厘米。11月上、中旬带10厘米见方的土坨囤苗于阳畦之中；也可先分苗于泥筒或塑料钵，然后囤苗于阳畦。土坨间靠实挨紧，用细土弥合缝隙后灌透水，合墒后覆盖薄膜及草帘。整个越冬期间不施肥灌水，只注意揭帘见光和适当通风，保住叶片不脱落。当地温≥10℃时定植于采种田，此时花球直径约2厘米。经过1个多月的生长，于4月中下旬开花，5月下旬花期结束，6月中旬前后种子收获。一般每667平方米产种子50～60千克。

(七)花椰菜主要病虫害及其防治

1. 苗期病害及其防治

花椰菜苗期病害种类、表现及防治措施同结球甘蓝。

2. 成株期病害及其防治

(1)病毒病

花椰菜的整个生育期都会感染病毒病。发病时，叶片产生褪绿的圆形小斑点，而后整个叶片颜色变淡，或出现浓淡相间的病状。莲座中期以后感病时，嫩叶上出现浓淡不均的斑驳，老叶背面产生黑色坏死斑点。发病严重的植株结花球晚，花球松散，甚至不结花球。其发生规律、发病条件和防治措施同结球甘蓝。

(2)黑腐病

黑腐病主要危害花椰菜的叶片和茎。莲座叶染病时，病菌若由水孔侵入，则造成叶缘发病，病斑呈“V”字形；若从伤口侵入，则在叶面产生不定形的淡褐色病斑，边缘常有黄色晕圈，病斑向内、向两边扩展，使周围叶肉变黄或枯死。病菌进入茎部维管束后，维管束会变黑或腐烂，引起整株萎蔫。其发生规律、发病条件和防治措施同结球甘蓝。

(3) 霜霉病

植株染霜霉病后，下部叶片先出现黄褐色病斑，边缘不明显。随后病斑逐渐扩大，由于受到叶脉限制而成为多角形或不规则形。其直径为8毫米左右。湿度大时，叶背出现稀疏的白色霉。发病严重时，病斑连成片，造成叶片干枯。其发生规律、发病条件和防治措施同结球甘蓝。

(4) 软腐病

一般在花椰菜花球出现时开始发病。发病初期在外叶上或花球基部出现水浸状斑点，植株外叶中午常失水萎蔫，但早和晚能够恢复。发病中期，病部腐烂成泥状，数天后外叶萎蔫即不能再恢复正常。叶柄或根茎基部出现灰褐色软腐斑，最后植株基部腐烂，使植株一碰即倒，病部散发出恶臭气味。其发生规律、发病条件和防治措施同结球甘蓝。

(5) 黑斑病

主要危害部位有叶片、叶柄、花梗和种荚。叶片上的发病部位为莲座叶。发病初期呈小黑斑，温度高时病斑迅速扩大为灰褐色圆斑，直径为5～30毫米。病斑上的黑霉较明显。叶上病斑多时，会连成片，造成叶片发黄枯死。叶柄上的病斑呈纵条形，上有黑霉。花枝、种荚上的病斑呈黑褐色多菱形。感病种株结实少，种子瘦瘪。其发生规律、发病条件和防治措施同结球甘蓝。

（6）菌核病

菌核病主要危害部位为茎基部。受害部位初发病时出现边缘不明显的水浸状淡褐色不规则形斑，随后病组织软腐，产生白色或灰白色棉絮状菌丝体，同时产生黑色鼠粪状菌核。病斑环绕茎部后，会造成整株死亡。采种植株在终花期受害严重。其发生规律、发病条件和防治措施同结球甘蓝。

3. 主要害虫及其防治

花椰菜主要害虫及其防治方法同结球甘蓝。

（八）花椰菜贮藏和加工

1. 贮藏

（1）冷库贮藏

把收获后待贮花椰菜的花球晾晒后，降低花球温度和适当散发水分，外叶转软后，再装入消毒处理过的筐或箱中，或单个花球装入厚0.04毫米的塑料袋中，送入冷库贮藏。堆放时，筐或箱堆之间要留一定的距离，以利通风和人工操作。库内的温度应控制0℃～2℃，上、下层菜之间温差不超过±0.5℃。每隔20～30天要翻筐（箱）检查1次，拣出开始变质的花球和脱落的叶片。

（2）棚藏

选择在住房附近较高爽的地方搭棚，棚向朝南。棚一般宽3.5～4.0米，高1.8～2.0米，长度根据贮量而定。在塑料棚的上面和左、右两侧都用秸秆覆盖严密，起遮光和挡风的作用。棚内中间留0.5米宽的走道。走道两侧用竹木材料搭2层贮放架，第一层高度离地面 20 厘米左右，第二层高度离地面 100 厘米左右。每平方米可贮花椰菜 100 千克左右。开始贮藏的时间，西北地区在 10 月中下旬，华北地区在 11 月上旬。一般在清晨气温较低时将菜运入棚内。贮藏期间，每隔 5～7 天翻动 1 次，去除烂叶和开始变质的花球。在棚内气温较高时，夜间打开棚的通风孔降温，白天要关闭通风孔不使高温入棚。在严冬期间，要关闭全部通风孔，并增加覆盖物保温，使棚内温度稳定在 1℃～4℃，相对湿度保持在 95%左右，这种方法贮藏期为 50～60 天。

（3）窖　贮

在寒冬来临前适时采收花椰菜，选 0.5～1.0 千克、花球洁白、花枝致密的用来贮藏，每株保留 3～5 个叶片，在筐或箱内衬聚乙烯塑料薄膜，膜内垫消过毒的草包，将花球轻放在箱或筐中，以 2～3 层为宜。收拢草包或薄膜，但不要盖得过紧以利通风，装好后码于深 1.6～1.8 米的窖内，窖温控制在 0℃～2℃，定期测定袋内气体成分，当二氧化碳达 5%时，开袋放风 1 小时左右，然后以半封闭状态贮藏。贮藏期定期检查，及时取出变质的花球和脱落的叶片。此法可贮藏 40～50 天。

（4）假植法

入冬时，将花球尚小的花椰菜叶子用稻草等物扎缚包住花球，小雪节气前将具有幼小花球的植株挖窖假植在贮藏沟内，沟宽 1.0 米，深 1.0～1.5 米。贮藏初期防热，白天盖上草帘，晚上揭开，温度保持在 2℃～3℃。后期防冻，视气温变化适当覆盖。上市前 10～15 天，加厚覆盖物，使温度升高到 7℃～10℃或更高一些，花球逐渐长大，即可上市。

(5)挂　藏

这种方法适合于家庭少量贮藏,在严冬来临前将花椰菜连根拔起,留下部分外叶用稻草沿着花椰菜叶梢围好扎紧,起到保温保湿作用,而后将其倒挂在屋檐下的背阴处。

(6)纱布围藏

把要贮藏的花球顶部向上,分层堆放于竹子搭成的架子上。再将白纱布或白布置于300倍的福尔马林溶液中浸泡5分钟左右,取出覆盖于贮藏架四周。纱布或白布要每天或每隔1天按上述方法消毒1次,每次消毒后,将布上的药水沥干至不滴水时再围到菜架周围,阻止霉菌侵染并增加贮藏环境中的湿度,减少花球水分蒸发。贮藏过程中,要经常检查花球,及时挑出变质花球。

(7)简易气调贮藏

把花椰菜轻放在消过毒的竹筐或木箱内,码放于帐内。进帐后头几天呼吸作用旺盛,需每天通风或隔天通风,随后花椰菜呼吸减弱,可2～3天通风1次。15～20天检查1次,及时剔除变质花球。在气调贮藏中,凝结水滴落在花球上,是引起贮藏后期花球霉烂的主要原因之一,因此每次通风,应将帐内壁凝结的水滴擦干,防止水滴直接滴到花球上。帐内控温10℃～12℃。定期测定帐内气体,控制二氧化碳浓度在3%以下。

(8)保鲜膜单花球套袋贮藏法

在贮藏前用克霉灵等药物做熏蒸处理,即每10千克花球用1～2毫升药剂。具体做法是:将选好的花球放入一密闭器中,用碗碟盛一定量的药剂或用棉球、布条等蘸取药液放在菜筐空隙中,密闭熏蒸24小时,处理后的花球单独装入保鲜袋,折口,放入筐或箱中,在0℃～2℃下贮藏,最好选用通风库或冷库贮藏。

2. 加　工

(1)泡　菜

花椰菜花球收后的去皮茎秆可作为原料(方法同结球甘蓝)。

(2)干制花球

把花椰菜除去外叶和茎部，切成块，在开水中焯2～3分钟，取出后人工干燥，温度控制在50℃～55℃，经7～8小时，含水量不超过5%即可。

(3)速冻花球

新鲜花椰菜，去外叶和茎部，掰成小花球，放入清水中洗净。然后投入沸水漂烫2～3分钟，或用蒸汽蒸4～5分钟，取出、冷却、沥干。将小花球放进－30℃以下的速冻装置进行冻结，至中心温度达－18℃以下时即可包装、冻藏。

(九)花椰菜生产中存在的问题及解决途径

1. 早花发生的原因及防止措施

花椰菜早花亦称钮扣花即早结球的现象，主要是由于植株营养生长不良，过早地感受低温刺激所致。早熟品种播种过早，冬性强弱品种混杂，或是营养生长受到抑制的逾期老苗栽植，也易发生。为了避免早花现象的发生，春季栽培一定要选择春季生态型品种或冬性较强的春秋兼用生态型品种；适期播种，培育壮苗，提前定植的需要进行短期覆盖，避免低温时间太长；选择耕层深厚、富含有机质、疏松肥沃的壤土栽培，并施足基肥，促进营养器官发育；莲座期蹲苗后和花球形成期追肥浇水要及时。

2. 毛花球与青花发生的原因及防止措施

在花球发育的进程中，单花器官的花梗明显地超前发育与生长，具备萼片原基，而很快地进行花器官的分化，最后发育成毛花球。这种异常花球原基的花梗下的苞片原基同样明显地超前生长发育，并常带有绿色或其他杂色，有的花球表面呈现有明显萼片小花蕾，最后发展为青花。其引起原因是在花球发育过程中遇到骤寒骤热或低温天气。防止措施：根据品种特性调节好播期；在结球期加强栽培管理，在低温天气来临和骤然降温之前进行覆盖保温；种子繁育过程加强株选。

3. 紫花发生的原因及防止措施

花椰菜紫花是花球组织糖甙转变为花青素，使花球表面形成红白不匀的紫色斑驳。其发生原因主要是在花球形成后突遇寒流降温。在寒流降温之前，加强花球的覆盖保温，以及选择适宜的品种均可避免紫花现象的发生。据观察幼苗茎呈紫色的品种，较易发生紫花。

4. 腋花球发生的原因及防止措施

花椰菜通常是在迟播或直播的情况下易形成腋花球。因此花椰菜栽培要选择适宜播期和育苗移栽。

5. 瞎株发生的原因及防止措施

花椰菜瞎株是植株在莲座初期茎端无生长点。其原因可能是植株生长点遭受冻害或其他损伤。防止措施：冬季育苗时，苗期通风时要选择晴天上午10点以后，而且逐渐延长通风时间，以防幼苗受冻，定植前要炼苗，苗期要防虫。

6. 黄花球发生的原因及防止措施

在花椰菜生产中，常常会出现花球变黄的现象，影响花球品质。这主要是由于花球受强烈日光照射而造成的。秋栽早熟品种发生较多。为了避免黄花球发生，当花球长至直径5厘米时，可将靠近花球的2～3片叶轻轻折弯，使之覆盖在花球上或将植株中心的几片叶上端捆扎起来。

7. 散花球发生的原因及防止措施

花椰菜花薹花枝发育较快，导致散花球形成。原因是结球期间温度过高，花球膨大受抑制，而花薹花枝生长迅速，伸长后导致散花。花球充分长成后不及时采收，也会导致散花球。防止措施：适期播种，将花球生长期安排在日均温15℃～23℃的月份里，以避免结球期间的高温影响；在花球充分长大，表面平整，边缘尚未散开时，及时采收。

8. 裂花与黑心发生的原因及防止措施

裂花即花球内部开裂，花枝内呈空洞状，花球表面常出现分散的水浸状褐色斑点，食之味苦；花球周围小叶发育不建全，叶缘卷曲，叶柄发生小裂纹，生长点萎缩。造成裂花的主要原因是由于土壤缺硼，而土壤缺钾则易造成黑心。防止措施：定植前土壤采取氮、磷、钾配方施肥，同时每667平方米基肥中施硼砂或硼酸2～3千克；生长期间发现植株或花球表现缺硼或缺钾症状时及时在叶面上喷施0.2%～0.3%的硼砂（或硼酸）溶液或0.2%的磷酸二氢钾溶液，5～7天喷1次，连喷

3 次即可。

四、球茎甘蓝

球茎甘蓝又称苤蓝、擞蓝、松根、玉蔓茎、芥蓝头等，为十字花科芸薹属 2 年生草本植物。原产欧洲地中海沿岸。由羽衣甘蓝变异而来，是甘蓝类中的一个主要变种，以球状肉质茎为食。世界各地虽有栽培，但除德国外均不甚多。球茎甘蓝 16 世纪传入中国，在我国北方及西南各省栽培较为普遍。

（一）球茎甘蓝植物学特征

1. 根

球茎甘蓝属须根系作物，自球茎的底部中央生一主根入土，自主根下部发生须根。根入土不深，分布在 30～50 厘米的土壤范围内，以 30 厘米的耕作层最多。根的再生能力较强，适于育苗移植栽培。

2. 茎

球茎甘蓝的茎分为球茎和花茎两种。球茎长度介于结球甘蓝和花椰菜两者之间，茎在形成第一或第二个叶环的叶子时短缩膨大，最后形成球状或扁圆形肉质茎。此为营养贮藏器官，表面光滑，有蜡粉，上着生叶片。球茎的外皮呈绿白色、绿色或紫色。球茎顶部抽生花茎，花茎分为主花茎和侧花茎。

3. 叶

球茎甘蓝叶似结球甘蓝，丛生于短缩茎上，叶面平滑，有蜡粉，但叶柄较结球甘蓝细长，球茎上着生的叶稀疏，叶长30～40厘米，叶宽15～20厘米；叶色有灰绿色、深绿色和紫色之分。

4. 花

球茎甘蓝为总状花序，属于异花授粉植物。球茎甘蓝顶芽分化花芽抽薹，腋芽一般不能抽薹开花。花同结球甘蓝，为“四强雄蕊”，开花习性也同结球甘蓝。

5. 果实和种子

球茎甘蓝花凋谢后结出角果，扁圆柱状，表面光滑，略成念珠状，成熟时细胞膜增厚而硬化；角果由假膜分为2室，种子成排着生于假隔膜的边缘，形成“侧膜胎座”，内含种子15～17粒；果实成熟后沿腹缝线开裂，种子圆形，深褐色；尖端果喙部分细长，不含种子，不开裂。种子千粒重为3.5～4.5克。

（二）球茎甘蓝生长发育过程

球茎甘蓝为2年生蔬菜，冬性比结球甘蓝弱，从营养生长到生殖生长需要2年栽培才能完成一个生活周期。第一年形成营养贮藏器官，经过冬季感受低温而通过春化阶段，第二年春季长日照适温下抽薹、开花，形成种子，完成生殖生长阶段。

1. 生活周期

第一年是生长根、茎、叶的营养生长期。从播种到形成营养贮藏器官肉质茎要经过发芽期、幼苗期和肉质茎膨大期。肉质茎充分膨大后将母株连根拔起，贮藏在 2℃～9℃低温条件下，经过 50 天左右通过春化阶段，进入生殖生长时期，形成花芽。球茎甘蓝的冬性比结球甘蓝弱，比花椰菜强。对低温要求不严格，易完成春化阶段。翌年 3～4 月份气温≥10℃时，再将母株定植到露地，在长日照条件下抽薹、开花、结种子，6 月份至 7 月份种子成熟，完成生殖生长过程。

(1)营养生长时期

① 种子发芽期　从播种、种子萌动发芽到出土长出第一对基生叶片并展开与子叶形成十字(即所谓"拉十字")的时期，需 8～10 天。

② 幼苗期　从第三枚基生叶展开到长出第八片真叶，需 30～60 天。

③ 莲座期　从第八片真叶形成到小球茎开始膨大，需 30～35 天。

④ 球茎形成期　球茎甘蓝肉质茎开始生长到完全膨大，为球茎形成期。所需天数，早熟品种相对较短，晚熟品种相对较长，一般需 25～70 天。

⑤ 休眠期　用于繁种的种株假植，贮藏于窖中，到翌年气温回升、有利生长时定植露地。此期一般需 100～120 天。

(2)生殖生长时期

① 孕蕾抽薹期　球茎甘蓝由肉质茎顶端生长点抽出花薹，需 25～40 天。

② 开花期　从显蕾、开花到全株花谢，需 30～35 天。

③ **结荚期** 从花谢至角果变黄种子成熟，需 30～40 天。

2. 春化条件

球茎甘蓝是低温长日照作物，由营养生长转向生殖生长需在植株生长到一定大小时，感受低温作用而完成春化，故称“绿体或幼苗春化型”作物。这些特性是球茎甘蓝在长期的进化过程中形成的。其在通过春化时对温度和光照的要求不如结球甘蓝严格，冬性较弱，容易通过春化，在生产上也容易造成未熟抽薹的损失；球茎甘蓝春化所需要的低温及时间条件，大致与结球甘蓝相同，但品种间的差异，似乎不像结球甘蓝那样有规律，即幼苗叶数的多少和茎的粗细与抽薹率并不成比例，同期播种和早、中晚熟品种间抽薹率也没有一致的倾向性。对球茎甘蓝春化研究分析结果，认为球茎甘蓝春化的通过，不仅需要一定的低温（范围为 0℃～10℃），而且需要一定的营养体，即幼苗长到一定的大小（茎粗 0.41 厘米以上），叶片在 7.1 片以上才能通过，过小的幼苗或种子进行人工处理，均不能完成春化，从而也就不能抽薹显蕾。

（三）球茎甘蓝生长发育需要的条件

球茎甘蓝适应范围宽，耐寒性、耐热性和耐涝性较强，对栽培的土壤、气候条件要求不严，基本同结球甘蓝。

1. 温　度

球茎甘蓝喜温和、冷凉气候，耐寒，其生长温度范围较宽，一般在 6℃～22℃的温度条件下皆能正常生长。种子在 3℃时就能发芽，实际发芽出土的温度要求在 10℃，但相对出土较慢，需15～18天才能出齐苗；发芽适温为23℃～25℃，3天即能出苗。刚出土的幼苗抗寒能力稍弱，幼苗稍大时，耐寒能力增强，能忍受较长期的－1℃～－2℃及较短期－5℃低温。经过低温锻炼的幼苗，则可忍受短期－8℃甚至－15℃的寒冻。球茎甘蓝肉质茎生长适温为15℃～20℃。在昼夜温差明显的条件下，有利于养分积累，肉质茎生长良好。气温在25℃以上时，特别在高温干旱下，同化作用降低，呼吸加强，物质积累减少，致使生长不良，肉质纤维化，肉质茎不膨大。肉质茎较耐低温，能在5℃～10℃的条件下缓慢生长，但成熟的肉质茎抗寒能力不强，如遇－2℃～－3℃的低温易受冻害。

2. 水　分

球茎甘蓝在湿润气候条件下有利外叶和肉质球茎生长。膨大肉质球茎中含水量为93.7%。在肉质茎膨大期喜欢土壤水分多，空气湿润，不耐干旱；在幼苗期和莲座期能忍耐一定的干旱和潮湿气候。球茎甘蓝的根系分布较浅，要求相对空气湿度在85%～90%和土壤湿度75%～85%。在土壤湿润条件下，空气干燥，植株也能生长良好；在土壤水分不足，再加上空气干燥，则易引起球茎部叶片脱落，植株生长缓慢，肉质球茎小或成畸形而无商品价值。

3. 光　照

球茎甘蓝属长日照喜光作物。在植株未完成春化前，长日照有利于营养生长；完成春化后，长日照有利于生殖生长。对于光照强度的适应范围较宽，光饱和点在3万～5万勒。在弱光照条件下，幼苗易成为徒长高脚苗，球茎叶萎黄，易脱落。在肉质茎膨大期，要求日照较短和光强较弱。一般在春、秋季节比夏、冬季节营养贮藏器官生长好。

4. 土　壤

球茎甘蓝对土壤的适应性较强，在中性到微酸性(pH 值 5.5～6.5)的土壤中生长最好。球茎甘蓝原产地富含石灰，所以在过度酸性的土壤中生长不好。酸性过度，对一些必需元素，如镁和磷的吸收不利，生育受阻，根部病害也容易发生。

(四)球茎甘蓝品种类型和品种简介

1. 品种类型

球茎甘蓝依球茎的色泽可分为绿白色、绿色及紫色 3 种，以绿白色的品质较好。

依球茎形状可分为圆球型和扁圆球型(图 9)：①圆球型：球形指数(球茎纵径/球茎横径)≈1，球茎圆球形，叶环间距较大，主要品种有早白。圆球类型的球茎甘蓝品种较少，栽培面积也较小。②扁圆球型：球形指数＜1，球茎扁圆球形，叶环间距较小，现全国球茎甘蓝主栽品种多为这种类型，主要品种有小英子、捷克白、天津青苤蓝、扁玉头、狗头玉头、秋串、翠绿苤蓝等。

球茎甘蓝依生长期的长短可分为早熟种、中熟种和晚熟种：①早熟品种：植株矮小，叶片少而小，叶柄细短，球茎个体小，一般 0.5～1.5 千克。生长迅速，从定植到收获 45～60 天，主要在春季栽培，秋季也有少量栽培。主要品种有早白、小英子、捷克白、青县苤蓝等。②中熟品种：植株较大，叶片较多，叶柄较粗大，球茎个体较大，一般 1.0～2.0 千克。球茎从第二

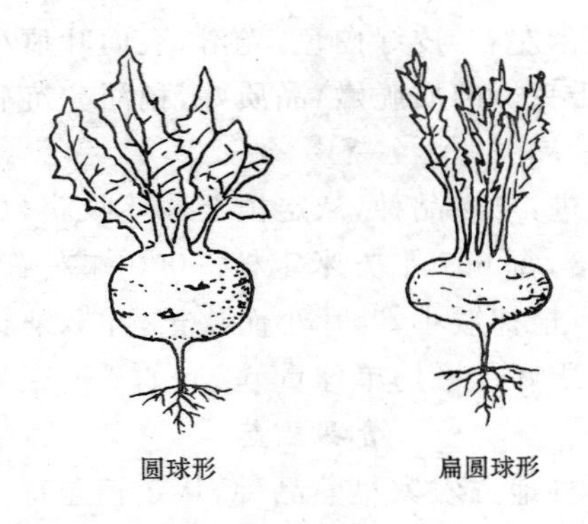

图 9　球茎甘蓝品种类型

个叶环形成后迅速膨大，从定植到收获 60～80 天，主要在春、秋季栽培，代表品种有二叶子、二路缨子、天津青苤蓝、翠绿苤蓝等。③晚熟品种：植株较大，叶片较多而大，叶柄粗大，肉质球茎多扁圆形，个体大，产量高，生长期长，从定植到收获 80 天以上，球茎重一般 1.5 千克以上。肉质球茎第三个叶环形成后迅速膨大，主要适宜秋季栽培，但内蒙古、新疆、甘肃等地春季也栽培，代表品种有青皮玉头、扁玉头、狗头玉头、集宁小籽玉头、秋串等。

2. 品种简介

（1）早熟品种

捷克白

从捷克引进，经天津市蔬菜研究所选育而成，早熟品种，从定植至球茎收获 45～50 天。1985 年江苏省认定，1987 年天津市认定。适于春、秋季栽培，每 667 平方米定植 6 000 株左右，产量 1 500～2 000 千克。植株高 30 厘米，开展度 26 厘米，叶片灰绿色，上有蜡粉，叶柄细长。球茎扁圆形，纵径 7～8 厘米，横径 10 厘米左右，皮绿白色，光滑，表面叶痕小而少，平均单球重 0.35 千克。肉质脆嫩，品质好，稍甜。抗病性强。

早　白

从捷克引进，早熟品种，从定植至球茎收获 50～60 天。适于春、秋季栽培，每 667 平方米定植 3 000 株左右，产量 2 000～2 500 千克。植株矮小，叶片小而狭长，叶柄细长，球茎圆球形，绿白色，品质好。平均单球重 0.5～1.0 千克。

青县苤蓝

河北省青县地方农家早熟品种，从定植至球茎收获 50～60 天。适宜秋季栽培，每 667 平方米定植 5 000～5 500 株，产量 1 250～1 500 千克。叶簇较直立，植株高 49 厘米，开展度 67 厘米。叶片数约 15 片，叶面灰绿色，有一层蜡粉。叶呈长圆形，叶片长 23 厘米、宽 12 厘米，叶柄细长。球茎扁圆形，纵径 9.3 厘米，横径 11.8 厘米，单球重 0.7 千克。球茎表皮浅绿色，肉质白色，细嫩，水分较多，味稍甜。

小英子

早熟品种，从定植至球茎收获 60 天。适于春、秋季栽培，产量 3 500～4 000 千克。叶小稍尖、柄细，球茎扁圆形，平均单球重 0.5～1.0 千克。皮薄肉质细嫩，品质好。

(2)中熟品种

天津青苤蓝

天津地方品种，从定植至球茎收获 60～65 天。1985 年江苏省认定。适于春、秋季栽培，每 667 平方米定植 6 000 株，产量 5 000～6 000 千克。叶簇直立，植株生长健壮，不易抽薹；球茎扁圆形，外皮绿色，有少量白粉，皮薄、质脆、鲜嫩、品质好，单球重 1.0 千克左右。耐热，耐寒，适应性强。

翠绿苤蓝

北京地方农家早熟品种，从定植至球茎收获60～65天。适于北方春、秋季露地栽培，每667平方米定植3 000株，产量1 500千克左右。植株高42厘米，叶簇较直立，不易抽薹；球茎扁圆形，外皮青绿色，上有蜡粉，单球重0.6千克。皮薄、质脆、鲜嫩、品质好。

二路缨子

天津地方品种，从定植至球茎收获70～75天。1987年天津市认定。适于天津市郊区春、秋两季栽培。每667平方米定植5 000株，产量2 500千克。植株高30厘米，开展度28厘米。叶片11～12片，淡绿色，上有蜡粉。球茎扁圆形，绿色，表面有蜡粉，平均单球重0.5千克。

(3)晚熟品种

兰州苴蓝

甘肃地方品种，从定植至球茎收获150天。适于西北地区栽培。植株高41厘米，开展度65厘米，叶长倒卵形，羽状深裂5对，灰绿色；球茎扁圆形，纵径10～15厘米，横径15～30厘米，外皮绿白色，肉质细密而脆嫩，耐贮藏，单球重2.5～3.5千克，最大可达5千克以上。

潼关苤蓝

陕西潼关地方品种，从定植至球茎收获180天。适于陕西关中栽培。植株高50厘米，开展度50～70厘米，叶片深裂；球茎大扁圆形，纵径10～15厘米，横径18～25厘米，皮光滑，外皮浅绿色，肉质细密而脆嫩，耐贮藏。单球重2.0千克左右。

青皮玉头

河北地方晚熟品种，从定植至球茎收获100天。1989年内蒙古自治区认定。适于秋季栽培，每667平方米定植2 600

株，产量3 500千克。植株较高大，生长势强，植株高50厘米，开展度56厘米，成熟时有大叶15片左右；叶片浅绿色，叶片长36厘米，宽17厘米，叶柄较粗，白绿色；球茎扁圆形，纵径12.5厘米，横径19厘米，顶部向下凹，表皮光滑，叶面和球茎均有白色蜡粉。球茎外皮为青绿色，皮薄，肉质白色，靠外皮部白绿色。单球重1.7千克左右。球茎表皮浅绿色，肉质白色，细嫩，水分较多，味稍甜。耐热、耐盐碱。球茎质地脆嫩，纤维少，味甜，品质好。

扁玉头

内蒙古地方农家晚熟品种，从定植至球茎收获120～130天。1989年内蒙古自治区认定。适于西北高寒地区春季栽培，1年栽培1茬。每667平方米定植1 500～1 800株，产量3 000～4 000千克。植株较大，生长势强，植株高40～50厘米，开展度45～60厘米。叶片蜡粉多，叶柄较长，呈灰绿色。球茎扁圆形，表面光滑，叶痕明显，球茎呈浅白绿色，皮较薄，表面有蜡粉，肉为白色，单球重2.0～3.0千克。肉质细密脆嫩，纤维少，含水分多，味甜，品质好。

狗头玉头

内蒙古包头地方农家晚熟品种，从定植至球茎收获170天。1989年内蒙古自治区认定。适于北方高寒地区春季栽培，每667平方米定植1 800株左右，产量3 500～5 000千克。植株高70厘米，开展度80厘米。外叶大而多，呈浅绿色，叶柄粗。球茎呈长圆形，多有畸形，单球重2.0～3.5千克，大者可达5.0千克。顶部突起，表皮粗糙，浅绿色，球茎和叶面均有蜡粉，肉质白色。耐热，耐旱，较抗病、虫。球茎质地粗糙，纤维多，品质较差。

集宁小籽玉头

内蒙古集宁地方农家晚熟品种，从定植到球茎收获100～120天。1989年内蒙古自治区认定。适于高寒地区春季栽培，每667平方米定植2 200～2 500株，产量2 500千克。植株高38厘米，开展度60厘米。叶丛生，直立，叶长45厘米、宽27厘米左右，深绿色，叶柄长，白绿色。球茎扁圆形，少数高桩形，纵径15厘米，横径20厘米，单球重1.5～2.0千克，大者可达4.0千克。淡绿色，皮薄，表面光滑，肉质白色，属晚熟品种。球茎质地脆嫩，纤维少，味甜，品质好。

秋　串

北京地方农家晚熟品种，从定植至球茎收获90～100天。适于华北、西北地区春夏季栽培，每667平方米定植2 200株左右，产量4 000～4 500千克。植株高大，生长势强。叶片绿色，有蜡粉，叶片较多且大，叶柄较粗。球茎大，扁球形，表皮稍粗，浅绿色，皮薄，球茎表面有一层蜡粉。肉质白色，质脆嫩，味甜。

（五）球茎甘蓝周年生产技术

球茎甘蓝在北方可以春季和秋季两茬栽培。在高寒地区如内蒙古和新疆等地则一年只栽培一茬。

球茎甘蓝的栽培要求和结球甘蓝一样，其前茬作物在北方是秋冬菜或冬闲地，在很多地方均把晚熟品种栽培在水道旁或畦边，很少成片栽培，近几年成片面积有所扩大；早熟品种栽培，其后茬作物适于各种蔬菜。球茎甘蓝栽培与其他甘蓝类蔬菜轮作要求2～3年。球茎甘蓝用于鲜食较少，多用于加工，一般均为露地栽培。

1. 春季栽培技术

（1）播种育苗

春季栽培主要选用冬性强、不易未熟抽薹的早熟品种。球茎甘蓝适于温和湿润的气候，对环境条件的要求与结球甘蓝相似，但比结球甘蓝耐热。早熟品种对播种期要求不严，一般西北冬暖地区1月下旬至2月上旬、京津地区2月上旬在阳畦播种育苗；甘肃、青海、内蒙古和陕西北部等地，一年只栽培一茬，可选用中、晚熟品种，3月下旬至4月上旬阳畦播种育苗；苗龄30～60天。

播种时选避风向阳，土壤疏松，肥沃，水源方便，近2～3年未种过白菜、萝卜、结球甘蓝、花椰菜、油菜等十字花科作物的地块做苗床。

播种前1～2天晒种，淘汰霉籽、烂籽和秕籽，用50℃温水恒温浸种15分钟，然后捞出、晾干表面水分后趁墒播种或选用落水法播种。播前灌足底水，待水渗入土壤后撒入种子。也可点播，株行距各3厘米，覆土厚0.5～1厘米。为防治蝼蛄等地下害虫，播种后每667平方米撒3%的呋喃丹颗粒剂1.5千克后覆土。在苗床上盖上塑料布，并加盖草帘保温。在风大地区也可在苗床北面设风障，大约半个月出苗。

春季播种出苗后应注意白天上午10时揭掉草帘透光，下午4时盖上草帘保温，当床内幼苗出现徒长时白天中午应适当通风降温，使幼苗生长健壮。幼苗长到3～4片真叶时可分苗1次，分苗技术可参考甘蓝。出苗后应及时间苗、灌水、追肥和防治病虫害。

（2）整　地

前茬作物收获后或冬闲地，每667平方米施腐熟厩肥

5 000 千克，碳酸氢铵 10 千克，尽早耕翻、耙碎、耱平、肥土混匀，做成平畦。畦宽 1.3 米，踩实畦埂。也可做成高畦，高畦可以防止积水漫根，避免球茎着地腐烂。基肥不足时，可于做畦后每 667 平方米撒施过磷酸钙 30 千克，尿素 5 千克或磷酸铵 15 千克，再将畦土挖松，搂平。

（3）定　植

球茎甘蓝的外叶着生疏散，故定植密度较大，早熟品种由于球茎不大，以 25～30 厘米的株、行距为宜，中、晚熟品种株、行距为 30～40 厘米，若栽在水道埂边，株距还可密些。春季栽培于 3 月下旬至 4 月上旬，当气温上升后，幼苗长至 5～8 片真叶时定植；一年栽培一茬地区，在 5 月下旬至 6 月上旬定植。起苗时要带好土坨，栽植深度不宜过深或过浅，栽的过深，将使球茎变成长圆形；过浅则球茎又会偏向一方生长，以致变成畸形。因此，一般栽植的深度，都是以与子叶齐平为标准。

（4）田间管理

①*灌水和追肥*　球茎甘蓝的食用器官，主要由上胚轴膨大形成。一般早熟品种长出 8 片叶子，即形成 1 个叶环的叶子时，球茎开始膨大；中、晚熟品种要生长完成 2 个或 3 个叶环后球茎才开始进入迅速膨大期。所以球茎膨大初期生长慢，叶生长快，到生长中期，当叶片生长减慢后，球茎才迅速生长。根据这个特点，水肥管理中必须注意：球茎生长初期，肥水不可过多，以免徒长，影响球茎发育；球茎开始膨大时，需定期灌水，灌水相隔的时间与数量应相对一致。相隔时间相差过大，或每次灌水量不均匀时，易使球茎生长时紧时松，最终长成失去商品价值的畸形球茎。一次灌水过多，特别在缺水过久的情况下，若遇大雨或灌水过多时，将使球茎开裂，或长成二次生长的小球茎。

追肥应与灌水同时进行。一般在球茎开始迅速膨大时，即集中重施追肥，可分穴追肥，或随水冲施，以后在整个球茎生长时期，每灌1～2次水后，即可追肥1次。球茎甘蓝耐水肥的能力较强，栽在水道两旁的植株，生长在水肥充足的环境里，因而能结出较重的大球茎。

灌水后，若发现植株倒地，应及时扶正，防止球茎贴地腐烂。

磷酸二氢钾能增进叶肉细胞持水能力，增强光合作用，降低蒸腾量。在球茎膨大期，用0.3%的磷酸二氢钾水溶液，另加1%～2%的尿素、0.1%的洗衣粉喷2～3次，效果更好。

② 中耕、培土及除草　球茎甘蓝定植灌水后，等土壤稍干时，即可锄地1～2次，并开始蹲苗。球茎甘蓝的莲座期比结球甘蓝短，外叶数也少，故蹲苗期不宜过长，特别是早熟品种应少蹲苗或不蹲苗。在球茎开始膨大后，结合中耕，可稍向球茎四周培土，但不能培土过深，使其始终直立向上生长。到生长后期，即莲座期叶已封垄时，停止中耕，以后杂草只能随时拔除。

(5)收　获

球茎甘蓝定植后，球茎充分长大时即可收获。采收标准依品种而有所不同，早熟品种宜在球茎未硬化时收获，以增加其品质；甘肃、青海、内蒙古和陕北等地一年一茬。如果是供冬贮和加工用的晚熟品种，应待轻霜后球茎也充分膨大时采收，以提高其加工质量。收时用刀自球茎下根颈处砍断，打掉叶片，即可上市。

2. 秋季栽培技术

(1)育　苗

秋季栽培多选用耐热、耐寒的中、晚熟品种,早熟品种也能栽培,但产量较低。一般于6～7月份播种,播种时选土质疏松、肥沃的砂壤土为好;由于秋季气温较高,雨水较多,宜选排水良好的田块做苗床;采用露地育苗,苗床整理施肥同春栽育苗。

秋栽一般采用落水法播种,播前灌足底水,待水渗入土壤后撒入种子,也可点播。秋季气温较高,苗床表面易因高温板结,可在苗床上加盖草帘或遮阳网遮荫降温,播种后3～4天即可出苗,苗出齐后即可揭去覆盖物。苗龄15天左右时可分苗1次,分苗技术参考结球甘蓝。出苗后应及时间苗、灌水、追肥和防治病虫害,以培育壮苗。

(2)定植和田间管理

苗龄30天左右、幼苗6～7片叶时即可定植,定植前土壤要施基肥,翻耙,耙磨,做成平畦或高畦,定植时株距40～45厘米,行距为50～55厘米。定植后立即灌水保苗,3～4天后再次灌水以保证幼苗成活。秋季温度较高,应适当多灌水、保墒,一般灌水5～7次;秋栽品种生育期长,产量高,需肥量大,一般选用尿素追肥,每次15～20千克,共追4～5次。球茎甘蓝秋季栽培选用的中、晚熟品种长足2个或3个叶环后球茎才开始进入迅速膨大期。秋季栽培病虫害较多,应及时喷药防治。

(3)收　获

球茎充分长大时及时收获。用于鲜球茎供应市场,可适当早收,供冬贮和加工用的晚熟品种应待轻霜后球茎充分膨大时，在不受冻害前题下可适当延迟采收，但须防止裂球，以提高其加工质量。

（六）球茎甘蓝留种

球茎甘蓝品种在秋季栽培后，立冬前后使球茎生长达到成熟或具备一定标准的营养体，这时选留种株，冬贮或露地越冬通过春化，翌年春暖抽薹、开花、结籽。在秋季栽培中因播种期不同，分秋成株留种和秋半成株留种。

1. 秋成株留种

球茎甘蓝在西北地区 10 月下旬结成成熟球茎，选出种株后将种株连根拔起，假植在阳畦或窖中，翌年 3 月下旬定植于露地留种，6 月下旬至 7 月上旬采收种子。采收的种子种性纯，质量高，能够防止品种退化。

球茎甘蓝中、晚熟品种在秋冬栽培的适宜播期播种，冬贮时结成成熟大球茎，早熟品种播种期相对较晚，冬贮时结成小球茎，立冬选留种株。早熟品种不能播种过早，否则因生育期过长而促成球茎炸裂，不利冬贮；晚熟品种不宜播种过晚，否则寒冻来临之前，球茎尚未成熟而不利种株选择。西北地区的适宜播期，一般早熟品种于 9 月上旬，中熟品种于 8 月上旬，晚熟品种于 6 月下旬平畦育苗，苗龄 30～35 天左右，幼苗长出 7～8 片真叶时定植，立冬前均可形成良好的球茎。株选时根据品种的标准性状，选择具有叶片少、叶柄细、叶痕小，球茎形状符合消费者和加工需求、大小适宜、表皮不开裂、成熟一致的优良植株留做种株。选择优良种株的数量，一般认为用于授粉留种的植株要在 50 株以上，种株过少也会像近亲繁殖那样，对后代产生不良影响。在立冬前，北方寒冷地区把入选的种株连根带土拔起，进行轻微晾晒，入窖冬贮。在窖内可码成条形垛，球茎根端朝内，球茎叶端朝外，码 4～5 层种株，上部覆土；也可放一层种株覆一层潮土，分数层贮放；西北地区则直接假植于阳畦或窖中，将整个球茎埋入土里。贮藏种株最适温度 1℃～3℃，湿度 80%～90%，在贮藏前期应注意保温，因为球茎甘蓝成株抗寒能力弱，受冻易腐烂；同时，它只有顶芽是花芽，而腋芽多不能抽出花芽，所以在贮藏期间必须保护顶芽不受冻损伤；后期应注意防风，严防窖温上升。春季土壤解冻后，当 10 厘米深度土温达 10℃时，利用沟栽或穴栽定植，定植前淘汰感病腐烂的球茎种株。定植时要把球茎甘蓝全部埋入土中，仅露出顶端芽，既可防止顶芽受冻，又能减少其水分蒸发。定植行距 45 厘米、株距 30～40 厘米。施足底肥，栽后要把根部周围的覆土踩紧，以免土壤漏风，影响新根萌发和生长。定植后，为了促使种株尽快缓苗、发根，可每隔 6～7 天灌 1 次水，灌过 2 次水后，进行中耕培土，防止植株徒长。此后至显蕾前尽量不灌水。通过多次中耕达到保墒、提高地温、促进根系发育、控制花薹徒长的目的。进入始花期，可再开始灌水和追肥。种株生长要求磷、钾肥较多，在施基肥时结合施入磷、钾肥。每 667 平方米施过磷酸钙 25～30 千克，草木灰 30～50 千克，或施复合肥 20～25 千克。当种株初花时，可根据土壤水分情况灌 1 次“催花”小水，每 667 平方米追施氮磷钾复合肥 15 千克；并及时中耕保墒，提高地温。以后根据雨水多少和土壤旱情确定灌水量和次数，正常情况下需每隔 7 天左右灌 1 次水，直到盛花期过后才能减少灌水量或停止灌水。在花期喷药可加 10 毫克/升的硼酸水溶液以促进受精作用，提高种子产量。种株进入盛花期，要加强肥水管理，结合灌水再追1次复合肥。开花期要保持土壤湿润，开花后应在植株四周插杆搭架，防止花枝被风吹断。对于花枝发生过多侧枝，可将后发的瘦弱侧枝剪去以利透光和节约养分。采种田需保证有一定蜂源和2 000米以上同类作物的空间隔离区。

当种荚开始变黄时即可收割，收割不可过迟，因角果很容易沿腹缝线开裂。收割宜选择晴天露水未干前，收后堆放促其后熟，后熟3～5天再脱粒。脱粒的种子应及时晒干，然后装袋贮藏。晒种时注意防止水泥地面烤种而降低发芽率。

2. 秋半成株留种

球茎甘蓝越冬前形成小球茎直接留种。品种播期比秋成株采种晚，立冬前只长成小球茎。在冬季温暖地区，如陕西可露地安全越冬；较寒冷地区收获贮藏越冬，春暖定植、抽薹、开花、结籽。此法由于球茎甘蓝只长成小球茎，不能充分表现品种的特性，不能做到严格选择种株，但其播种晚，种株生活力强，种株病害少，春暖返青后植株生长旺盛，籽粒饱满，种子产量高，占地时间短，可用于大面积繁殖种子。其他技术基本同成株留种。

(七)球茎甘蓝主要病虫害及其防治

1. 病害及其防治

球茎甘蓝主要病害有病毒病、黑腐病、霜霉病、猝倒病、根朽病、软腐病等，它们的症状表现、发生规律和防治措施同结球甘蓝。

2. 主要害虫及其防治

球茎甘蓝主要害虫有蚜虫、小菜蛾、菜青虫、黄条跳甲、地老虎、蚂蚁等，它们的害状和防治方法同结球甘蓝。

（八）球茎甘蓝加工和贮藏

1. 加　工

（1）盐　腌

球茎甘蓝收获后，将肉质球茎充分洗净后削根去皮，根据肉质球茎的大小、形态和销售目的对剖成两半或切成条状、片状，然后用25%的食盐溶液浸泡，盐液的用量约与浸泡球茎的重量相等。盐腌处理10～15天后即可食用或长期保存。

（2）酱　渍

将球茎甘蓝肉质茎去皮洗净，沥干水后把肉质茎切成片状，放入缸中盐渍7～10天后取出放入盆中，加上重石压出卤水，然后把片状肉质茎切成条状，用清水漂洗干净，榨干水分后拌入酱油、麻油、辣椒粉、五香粉等放进缸中密封，10天后即可食用或保存。

（3）泡　菜

球茎甘蓝膨大的肉质茎收后去皮可作为泡菜原料（泡制方法同结球甘蓝）。

2. 贮　藏

球茎甘蓝有相当高的营养价值，其碳水化合物和含氮物质的含量比结球甘蓝多1倍，维生素多0.5～1倍。特别是它含有的维生素C不少于柑橘类。既耐运输又耐贮藏，秋、冬季采收后可贮藏到翌年春季，对调节春淡供应起着一定作用。球茎甘蓝贮藏适温为1℃～3℃。温度越高，越不耐贮藏，还易导致球茎老化、生霉腐烂，商品价值降低；温度过低会受冻害。球茎甘蓝在冬季经轻霜后采收，选择充分膨大的球茎去叶进行贮藏。

(1)堆　藏

冬季保留少量顶叶采收球茎，堆放长度为10～12米。冬季外界气温低于0℃时，可用草帘覆盖，但注意通风。

(2)窖　藏

冬季球茎甘蓝收获后，在田地挖窖贮藏。窖深2～2.5米，宽3.5～4.0米。窖藏前应将球茎晾晒5～7天，在窖内堆放成高1.5米左右、宽1米左右的条形垛，窖内控温0℃～1℃。

(3)沟　藏

选择地势高、地下水位低、土质粘重、保水力强的地块，东西方向挖沟。沟的宽度为1～1.5米，过宽会增大气温的影响，难以维持沟内稳定的低温；沟深根据当地最低气温和土温而定，原则上应比冻土层再深一些，以免球茎受冻；沟的长度因贮藏量而定。球茎置于沟内，上面用土加以覆盖，以后根据气温和沟内温度变化调整覆盖层厚度，要防止底层产品伤热和表层产品受冻。天气寒冷时，应加盖草帘防冻，白天揭开，晚上盖帘。沟内要求长期保持湿润状态，但又不能让底层积水。要注意适当灌水，灌水前应将覆土平整踏实，使水分均匀而缓慢地向下渗入。

(4)沙　藏

球茎甘蓝去掉外叶后放入2米深、1.5米左右宽的沙窖内填沙堆藏。先在窖底铺1层9厘米厚的湿沙，然后一层球茎一层沙子交替排列，用沙子将球茎间隙填满，堆至1.5米高左右。每隔1.5～3.0米放一把秸秆做通风孔。入窖初期，宜在夜间通风降低窖温，中期注意隔热防冻，立春后应防止窖温升高。沙窖温度控制在1℃～3℃内，相对湿度保持90%～95%为宜。贮藏中若天气寒冷发现球茎受冻，应加盖草帘保温，白天揭开，晚上盖帘。若相对湿度较低，则应在窖内喷水保湿，以防糠心。

（九）球茎甘蓝生产中存在的问题及解决途径

1. 未熟抽薹和品质下降的原因与防止措施

球茎甘蓝与结球甘蓝相同，为绿体春化型作物，春季栽培时，常因播种过早和苗期管理不当，致使幼苗生长过快，植株过早达到春化苗龄，幼苗易感受低温而通过春化阶段，从而未结成球茎而发生未熟抽薹。球茎甘蓝正常栽培生长后期，球茎不及时采收，这时气温较高，球茎常因高温影响，肉质变硬，品质降低。这些都对球茎甘蓝的产量和品质有一定影响。因此球茎甘蓝春季栽培时，应选择冬性强，耐未熟抽薹、耐高温的品种，陕西省露地播种育苗应在3月中下旬进行，如果用保护设施播种育苗，可在1月下旬至2月上旬播种育苗；寒冷地区在3月下旬至4月上旬播种育苗。这样可防止低温的影响，栽培时可选用地膜覆盖即可提前收获，也可避开后期高温影响。

2. 植株倒伏的原因与防止措施

球茎甘蓝生长后期，球茎变大，土壤过湿易出现倒伏现象，致使球茎贴地腐烂，影响品质和产量。因此若发现植株倒伏，应及时扶正培土。同时，在球茎膨大后，结合中耕，可稍向球茎四周培土，但不能培土过深。到球茎长到相当大时，若发现倒伏，可再次培土。球茎甘蓝生长后期，特别快到采收时，应停止灌水。

3. 球茎畸形和开裂的原因与防止措施

球茎甘蓝栽培时，如果灌水相隔时间过长，或每次灌水量不均匀时，易使球茎生长时紧时松，最终长成失去商品价值的畸形球茎或使球茎开裂，这些均会造成球茎品质和产量的降低。因此田间栽培管理时，必须定期灌水，而且灌水相隔时间与水量也应相对一致。